地球といっしょに「うまい!」をつくる

ECO－BEER　Asahi Beer: One Company's Story of Environmental Management Initiatives

企業の環境対策　アサヒビールの場合

写真と文　二葉幾久

アサヒビール株式会社発行■清水弘文堂書房編集発売

地球といっしょに「うまい！」をつくる
企業の環境対策　アサヒビールの場合

目次

写真と文　二葉幾久

STAFF

PRODUCER 二宮 襄（アサヒビール株式会社 環境担当執行役員）礒貝 浩
DIRECTOR & ART DIRECTOR 礒貝 浩
COVER DESIGNERS 二葉幾久 黄木啓光 森本恵理子（***ein***）
DTP OPERATOR & PROOF READER 石原 実　教蓮孝匡
PROOF READER 上村祐子
ASSISTANT EDITOR 小塩 茜
取材 / 礒貝白日　教蓮孝匡　あん・まくどなるど
制作協力 / ドリーム・チェイサーズ・サルーン
（旧創作集団ぐるーぷ・ぱあめ）
■
STAFF
秋葉 哲（アサヒビール株式会社環境社会貢献部プロデューサー）

＊印がついている写真はアサヒビール提供

※この本は、オンライン・システム編集と***DTP***（コンピューター編集）でつくりました。

(本文中敬称略)

一章　「ゴミゼロ作戦」事始

――茨城工場

一九九六（平成八）年十一月、茨城工場は廃棄物再資源化一〇〇パーセントを達成した。アサヒビールの工場としては全国で一番早い。茨城工場を皮切りに、現在では九工場すべてが再資源化一〇〇パーセントに成功している。工場併設のビール園四店や、関連会社の、アサヒ飲料の四工場（柏工場、明石工場、北陸工場、富士山工場）、アサヒビールモルト株式会社、ニッカウヰスキー株式会社でも同様だ。

アサヒビールのゴミ再資源化一〇〇パーセントの取り組みは、テレビ・コマーシャルなどを通して広く知られるところとなった。いまでこそ他企業の工場の多くでも行われているが、当時、環境を全面に押しだしたコマーシャルはめずらしく、反響も大きかった。

環境問題に対する関心が高いと言われるアサヒビール。全九工場のなかで、茨城工場の生産規模は最大だ。その茨城工場において、環境保全活動のなかでも先駆的な取

一章 「ゴミゼロ作戦」事始――茨城工場

茨城工場のゴミ分別の現場

り組みである廃棄物再資源化一〇〇パーセントをいかに達成したのか。
……プロジェクトの担当者たちが、もの静かだが、内なる情熱をこめて語る。

茨城工場

タンクなど茨城工場の一部

「〇・一パーセントのゴミをのこしてもダメだ！」

一九九六（平成八）年一月にアサヒビールがスタートさせた廃棄物再資源化一〇〇パーセント――「ゴミゼロ作戦」は、瀬戸雄三（当時社長）からのトップ・ダウン指令ではじまった。

二〇〇三（平成十五）年十二月現在、会長を経て相談役（二〇〇三［平成十五］年三月から）にしりぞいた瀬戸自身は、

「わたしひとりがそれを提唱したわけではなくて、経営陣の総意」（『あとがき対談』参照）

と謙遜するが、「ゴミゼロ作戦」の先頭に立って、その天性のリーダー・シップぶりを発揮したのは、まぎれもない事実である。

高橋勝俊（当時本社エンジニアリング部エネルギー課長。現本社技術部長）が語る。

「瀬戸が環境への配慮を重視していたので、まず瀬戸から部長の旭　興一（現アサヒフード

高橋勝俊（上）旭　興一（下）

アンドヘルスケア株式会社社長）へ指令がおりてきました。それについてみんなで考えようと、エンジニアリング部全員でいろいろ勉強して実行しました」

当時のエンジニアリング部長だった旭　興一の総指揮のもとに、アサヒビールの環境対策の取り組みがはじまった。

当時エンジニアリング部にいた益山嘉章（現四国工場製造部担当課長）が、ゴミの再資源化一〇〇パーセントの主担当者だった。

高橋は思った。

――「再資源化一〇〇パーセント」とは、言い換えれば「ゴミ排出はゼロ」ということじゃないか。

高橋は疑問をぶつける。

「旭に『とてもじゃないけどそれは無理じゃないですか』と言いました。でも、『ゼロはゼロだ。〇・一パーセントあってもダメだ』と諭《さと》されました（笑）」

旭部長は、

「こういう仕事は夢を持ってやらなければいけない。達成感のある仕事じゃないといけない。〇・一パーセントを中途半端にのこすような仕事では、夢もないし達成感もない。だからゼロはゼロなんだ」

と答えた。

ここまでの取り組みのコンセプトは本社部門主導で描かれたが、分別方法、委託業者の選定など現場における実現への取り組みは、すべて各工場にまかされた。

『無理じゃないかと言いながら、実のところはその気になってるんですよ。『どこもやってないことだからやってやろう！』と。すぐその気になってしまうのが、うちの会社のいいところでもありわるいところでもある（笑）。だから、『ゼロというのはどういう意味ですか？』と確認しただけで、答えをもらってからは『それに向かってやろう』と思いました」

「瀬戸は、好きなようにやれ、と。でも予算は全然使わなかったんです。徹底して分別して、再資源化をしていただく委託会社さんと契約しただけですからね（笑）」

当然その裏側には現場の関係者の努力が隠されている。

……以下、現場の証言。

一年でゴミゼロはムリ?!——現場の正直な気持ち

「現場は『やれ』と言われれば、まず『これだけのお金がかかりますよ』と答えるわけです。すると瀬戸は『いくらかかってもいいからやれ』と言う。〝環境保全〟という、一本筋の通った経営理念があるので、それに従ってわれわれも動きやすいです」

一〇〇パーセント達成までに与えられた期間は一年。

現場サイドでは、当初一年で実現する自信など、まったくなかった。

「経営者から命じられたことですから、〝実現しないといけない！〟というのは、ありましたけどね」

茨城工場長（当時）の貞苅陽二郎（五十四歳＝**年齢は取材当時。以下、同様**）は、明るく笑いながら話す。一九九九（平成十一）年まで工場長を務めた貞苅は、二〇〇三（平成十五）年十二月現在、日本ナショナル製罐株式会社常務取締役・工場長である。

貞苅陽二郎

貞苅は九州大学工学部を卒業後、一九六八（昭和四十三）年にアサヒビールに入社して、吹田工場にはじまり、各工場でおもに製造ラインを担当した。一九九五（平成七）年に茨城工場へ。そして、一九九六（平成八）年に茨城工場長——とたんに、「ゴミゼロ作戦」の指令が飛びこんできた。青天の霹靂《へきれき》……だった。

——ビールの製造ラインのことなら、専門だからまかせておけ。でも、ゴミは専門外……どう取り組めばいいんだろう？

というのが当時の貞苅の正直な気持ちだった。

指令のおりた一九九六（平成八）年当時、茨城工場は設備増設の時期をむかえていた。トップ指令とあってはいたしかたない、増設と並行して、再資源化一〇〇パーセントの環境対

ものすごいいきおいでベルトコンベアーの上をビール瓶が流れていく……当時　茨城工場は増産を進めていた

策を進めることになった。

「両方とも大変な仕事で、あのころは一番しんどかったです。どちらか優先順位をつけてやらなきゃできないだろう、と思っていました。『どっちが大事だ？』と考えると、やはりわれわれ現場としては『増設が優先じゃなかろうか』と思うわけです」

立場によって現場では、「増設が大事だ、いや、再資源化が優先だ」といろいろな意見が出た。

「わたしも製造現場しか知らないものですから、『工場は生産第一』と思いますよね。ビールの製造がとどこおるようだと、お客さまに迷惑をかけることになりますから」

当時、茨城工場の実質生産量は年間二六万キロリットル。目標とする生産能力は三六万キロリットルあるので、一〇万キロリットル足りていなかった。そのため、現場としては増産を進めていくのが最優先だと思っていたという。

「そのときにはまだ、環境への取り組み方針を、経営者とおなじ次元で理解できていなかったんです。あとになってから『なるほど、これも企業利益になっている』と感じました」

……こうした状況のなか、工場のスタッフには廃棄物再資源化の意識を徹底してもらわなければならない。

工場ではたらく人たちに、増産の重要性はすんなり飲みこんでもらえるが、再資源化一〇〇パーセントを一年で達成させる取り組みを理解してもらうのには工夫が必要だった。

実際にスタッフに動いてもらわなければ分別はすすまない

「工場はつねにどこかが動いている大きい組織です。その大きな組織全体にこの取り組みの重要性を伝えるために、全ラインをストップさせて全体会議を行いました。これは効果的でした」

折りを見て、仕込み、発酵、ろ過、瓶《びん》詰め、缶詰め、物流倉庫と、ラインすべてのスタッフを集めて、再資源化の必要性を話す。そのために、実際に「たかがゴミのために」約三十分間、生産ラインを全面ストップさせた。このことで、みんな、ことの重要性を「体で理解した」。

創立記念日など、一同が会するときには、かならず再資源化の話をした。

「そうすると、『おっ、これは本気でやってるな』というのが伝わるんです。『この取り組みは、ビールをつくることとおなじレベルの重要なことなんだよ』というのが」

再資源化も重要だという意識を植えつけると同時に、実際にスタッフに動いてもらわなければ分別はすすまない。工場内の全スタッフへ、分別の仕方を徹底してもらうのにも骨が折れた。

「紙なら紙でここ。段ボールは段ボールでここ。机の上ではそう考えますよね。ただし、念のため、分別容器のなかに〝その他のゴミ〟という容器も置いておくんです。そして実際やってみると〝その他のゴミ〟ばかりいっぱい、あふれている。もう、面倒くさいんですね(笑)。それで、〝その他のゴミ〟をまた分別し直さなければいけないという……ほんと、大変でした」

分別は徹底されないし、再分別するのにも人手がかかる。「これじゃダメだ」ということで、〝その他のゴミ〟という容器をなくし、最初の段階で確実に分別するようにした。

リサイクル会社の選定

「リサイクルしていただく会社の選定も大きな問題でした。分別した廃棄物がどのように再生されるのか、きちんと再利用されるのか。信頼できる協力会社を選ばせていただくのには、大変苦労しました。一から電話帳で調べて情報収集しました。そのころは電話にかじりつきでした」

再資源化されていなかった廃棄物の〝量〟は、それ以前も多くはなかった。分別の際、手間のかかる原因となったのはその〝種類〟の多さだった。

たとえば廃プラスチックは、一九九七（平成九）年までは、ほとんど再資源化されていなかった。一九九八（平成十）年になって、ほとんどが再資源化された。

回収品は材質別にそれぞれリサイクル会社を見つけてこなければならなかった。余剰酵母、モルトフィード（麦芽のかす。もっとも多く排出される）、パレット、アルミ缶などは再処理を業務にしている会社に「売る」ことでお金にかわる。

求めるリサイクル会社は工場近郊だけでは集まらない。契約先は、北海道や那須などの会社にも頼む。

契約内容が確実に履行されているかどうか。リサイクル会社自体の、その地域での環境影響はどうなっているかなど、抜き打ちで検査するため、年に一、二回はリサイクル会社のもとを訪れている。

蛍光灯は、北海道にあるリサイクル会社に再処理を依頼している。水銀を抜き、グラスウールにして断熱材として再利用される。日本でこの処理を行っているのは一社のみ（当時）。茨城工場から出た蛍光灯は、一度、埼玉に運ばれ、ある程度量が溜まったところでその会社に引き取ってもらう。

このリサイクル会社も、情報誌を調べたり、取り引きしているほかのリサイクル会社に尋ねるなどして探し当てた。
また、リサイクル会社に対してだけでなく、従業員に対するチェックも行った。
たとえば、ゴミ出しのチェック。リサイクル会社は、分別ゴミに余計なものがまじってい
たらそれを回収しない。不純物のまざった袋が、ゴミ置き場に転がったままになることがあ
った。
「われわれが見たら、どのセクションから出たゴミかすぐわかります。セクションごとにき
めた分別の責任者へ、回収されなかった袋を渡して、『これはあなたのセクションのものだ
が、どうしてそうなったのか』と原因調査をしました」
セクションごとに個別管理することで、分別のやり方を確立していった。
……そして、紆余曲折《うよきょくせつ》のはてに、茨城工場はアサヒビールの工場のなかで、はじめて廃棄
物再資源化一〇〇パーセントを達成するという栄誉を手にした。
――貞苅は、技術者あがりの管理職らしいもの静かな語り口のなかに情熱を秘めて、たん
たんと「ゴミゼロ作戦」の内幕を話した。

CGC委員会

工場を遠目から眺めると、工場敷地がまわりの緑と一体になっているような印象を受け

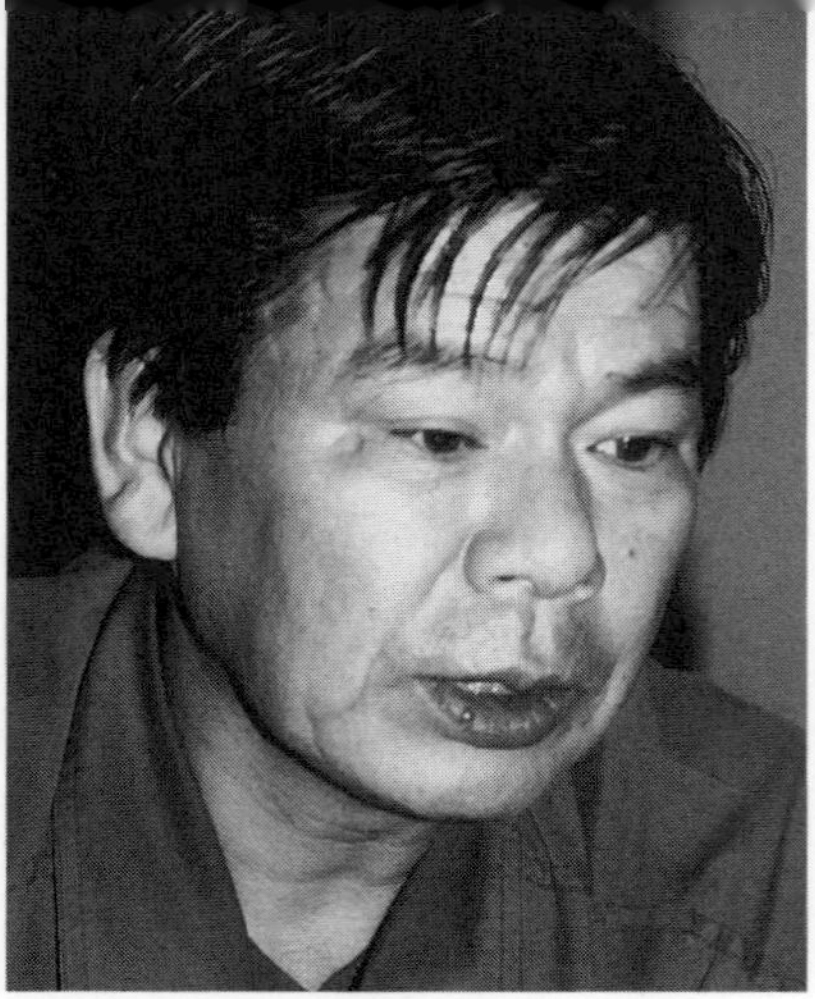

飯島　努

る。実際にはフェンスがあるのだが、周囲の緑に近い色に塗られている。そうした細かい配慮が、この茨城工場には随所にほどこされているのだ。

一部、見学棟の池のほうに天然の自然がのこっているが、茨城工場の緑はほとんど人の手で植林したものだ。工場ができるまえは、ここは松林だった。建設に際してこの場所は一度全部更地になった。施設内にはミヤギノハギ・モミジバフウ・ケヤキ・イチョウ・モチノキ・アジサイ・クチナシなどの木を、また工場の周囲にはすべて桜を植えた。

「そのうち花見の名所になるかも」

と笑いながら話すのは、飯島　努（当時、総務部担当課長）。

「ゴミゼロ作戦」——廃棄物再資源化一〇〇パーセントを実際に進めていく中心的役割を果たしたCGC（クリーン・グリーン・コミュニティ）委員会は、もともとは、工場緑化を進める目的で一九九六（平成八）年につくられた〝グリーン・サークル〟だった。「地域の緑をしっかり管理して、環境づくりに貢献していこう」という考えから組織された。工場の各部署から係長、グループ・リーダー・クラスを中心に一名ずつ、総勢十人が参加して、月に一度会合を開いていた。エンジニアリング部、総務部が委員会の中心となった。その中心メンバーのひとりで、その事務局を担当していたのが飯島だった。飯島は、一九六二（昭和三十七）

年に入社。東京工場で醸造業務などを行い、一九九〇（平成二）年、茨城工場建設とともに、この工場へ総務部員として着任した。

その飯島が、現場の〝前線指揮官〟としての立場から話す。

「新しい工場でしたから、『どこに植木を植えようか』とか、『区域を分けて各部署で草取りをしよう』とか企画しました。あと、場外に五キロほどある道路の空き缶回収などもやりました」

そのグリーン・サークルに「環境対策でもリーダーシップをとってくれ」と工場長からの指令がおりた。そこからCGC委員会がはじまった。

月に一度、「クリーン・デー」をさだめ、製造ラインをとめて日ごろ掃除ができない製造設備などを清掃している。その一環として四、五十人で工場内、工場外、道路沿いなどをくまなく歩いて掃除してまわる。周辺道路の通行人が工場周辺の道に投げ捨てたり、工場に投げこんだりするゴミを処理するのがCGC委員会の役割。

委員会は週に一度、ゴミ・ステーションなどを巡回する。すべてのゴミ箱を開け、写真を撮る。懸念箇所が見つかるとかならず責任者に報告して、対策をたてる。

貞苅が当時を回想して語る。

「製造工程で出るゴミに関しては、はっきりとルートがつくられているので問題ないんです。問題は、プライベートなゴミのほう。ヒゲ剃り機のようなちょっとしたこわれた家電器機を持ってきて会社で捨ててしまうなど、〝会社にあってはならないゴミ〟がまざってしまう」

そうしたゴミを再チェックして、分別方法をアドバイスしていく。

一九九六（平成八）年に「ゴミゼロ作戦」がはじまった当初は、分別についてむずかしい注文をつけるCGC委員会に対して不満を抱いていた人たちもいた。一九九七（平成九）年半ばごろ、この取り組みが世間的にも評価されはじめ、テレビ・コマーシャルが流れた（後述）こともあってそうした声はなくなった。

「こういう仕事って、やっているほうは、やはりみんなイヤなんです。イメージ的になかなかやりたがらない。でも、全員が一丸となってやれば、段々とそうした意識がなくなると思うんです」

廃棄物再処理業者の情報が、「世間一般から遠いところにあった」事情も、こうした感覚が少し影響しているのではないかという。

「そうした意識をみんなでかえたいですね。サッカーにたとえると、点を入れるのはフォワードでバックスは地味。物をつくるのはフォワードで、廃棄物の処理というのはバックス。バックスの大切さをわかれば、物づくりももっとよくなるんじゃないかなと思った」

当時のCGC委員会のメンバーも、異動でほかの工場へ移っていく。

「困難がつづいたゴミの分別ですが、茨城工場では、現在、センサーで材質を判別できる、一台三百五十万円の機械を導入したりもしています。ほかの工場ではまたちがった廃棄物が出るわけですよね。福島工場なら中国酒の瓶《びん》詰めもやってますから、中国から運んできた容器などもいろいろある。それには、それなりの処理法を考えなければならない。〝茨城式〟がいいかどうかは別として、基本的なことを経験したノウハウは、ほかでも役立つでしょう」

貞苅は、遠くを見つめるような目線で、みずからに言い聞かせるように静かに話す。理工科系出身の貞苅の話は、理路整然としている。

一〇〇パーセント達成後の反響と成果

再資源化一〇〇パーセント達成という実質的な成果とともに、従業員の意識がかわったことも、このプロジェクトの大きな収穫だった。

貞苅の話はつづく。

「半信半疑で始めながら、みんなで本気で取り組んだ結果、一〇〇パーセントを達成できた。『やればできるんだ』という意識が植えつけられましたね。瀬戸（当時社長・現相談役）の言う『感動を共有しよう』という言葉を体感できました」

一九九七（平成九）年八月、再資源化一〇〇パーセントに取り組む茨城工場の様子がアサヒビールのテレビ・コマーシャルにも使われた。

マスコミに取りあげられると、「自分たちがやったひとつひとつの仕事が、ちゃんと評価されているんだな」と工場ではたらくみんなが感じた。

「工場は、自分たちが日々使っている、いわば自分たちの〝家〟ですよね。家が人さまのまえに出るとなったらこれは逃げ隠れできない（笑）。どうぞ見てください、と言えるようにがんばるから、結局いい方向へ転がっていくんです。一度軌道に乗ればうまくまわっていきますから。文句を言っていた人も、『これは最終的には自分自身の仕事なんだ』ということを自然に理解してくる。あのテレビ・コマーシャルのヒットは内にも外にも影響が大きかった」

飯島が受けてつづける。

「工場長の言うように、テレビ・コマーシャルの反響は大きかったです。全国から電話が鳴りっぱなしで。通常の仕事ができなくなったほどでした」

多いときは、一日六件、見学を希望する企業、自治体の対応に追われた。急きょ、説明用のビデオも作成した。一九九七（平成九）年末になってようやく問いあわせは落ち着いてきた。

定期的にラインをとめて、従業員への教育もつづけた。工場が置かれている環境や、廃棄物が世のなかでどのように動いているか、そしてなぜ自分たちが廃棄物再資源化をしなければならないのかについて、貞苅はしつこく工場ではたらいている人たちに話しつづける。

マスコミなどで茨城工場の取り組みを知った外部からの見学は、さすがに「一日六件」などということはなくなったが、その後も引っ切りなしにつづいた。

市町村をはじめとした行政関係からの見学が多かった。国会議員も何人か工場を訪れた。

「見学に来られると、当然現場を案内しますよね。そうすると、うちの社員はかならずその様子を見ている。自分たちがやっていることが注目されていると思うと、これまたいい方向に転がっていくんです」

同業他社の訪問もあった。

「同業と言っても、ビールを売って競争しているわけで、廃棄物で競争しているわけじゃないですから、そのへんはすべてオープンです。おおいに見ていただかないと。『スーパードライのつくり方を教えてくれ』という話じゃないんですからね（笑）」

茨城工場のゴミへの取り組みは新聞や専門誌などの記事でよく取りあげられたので、おおまかなことはそれを読めばわかる。しかし、その行間にあった具体的な動きや問題点は、実際に説明しないと伝えられない。同業他社の訪問の際は、突っこんだ議論をしながら「おたがいの思うところをぶつけあった」という。

現在はモルトフィードの多用途開発を、「未来技術研究所」で行っている。

実行のための初期投資はかかったものの、廃棄物処理に要するランニング・コストは、以前に比べて二五パーセントほど削減された。

このような〝完全なゴミ処理の形〟にするには、最初に経費がかかるのは仕方がない。

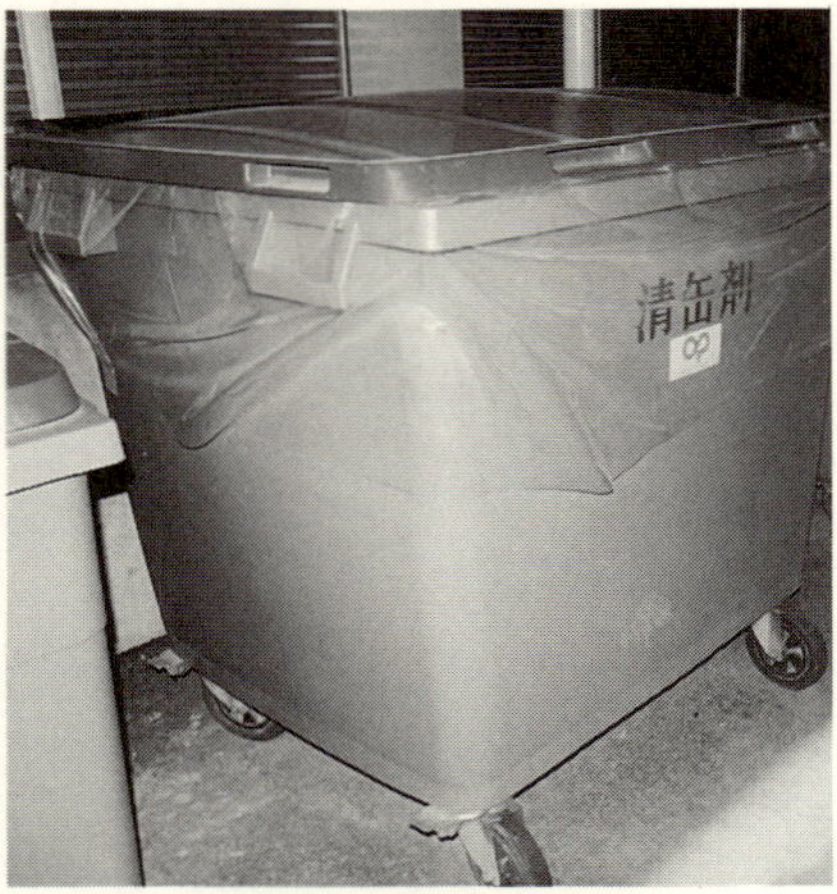

フランス製の高価な廃棄物回収容器

工場の各箇所に設置されている分別ステーションの廃棄物回収容器（〝ゴミ箱〟とは呼ばない）は、フランス製の高価なものだ。

「人を動かすときは、本気でやっている姿勢を見せないといけません。機能だけで言えば、普通のポリバケツでもドラム缶でもこと足りるんです。でも、〝ゴミ箱〟を買ってしまうと、そこに入れるのは〝ゴミ〟だと思われてしまう。こういう立派な容器なら『なかに入れるものは資源なんだ』と思えますよね。そうすることで、一般的な〝ゴミ箱〟というイメージをなくす試みです」

ＣＧＣ委員会のパトロールの際は、回収容器にほこりが溜まっているかどうかも細かくチェックする。

工場施設内に分別ステーションは二十二か所。それに、核となるセンターが一か所ある。分別の種類は五十二種類。

とは言っても、それぞれのステーションに五十二種類分の回収容器が置かれているわけではない。「醸造ならこういう種類のものしか出ない」という具合に、エリアによって出る廃棄物は、きまっているので、おおむね一ステーションに十個程度の容器が設置される。

「ゴミの分別もすべて〝習慣〟だと思うんです。『無意識に意識する』というか、ゴミが出ると分別するように体を習慣づければ、そうした意識がまったくない新入社員が入ってきても、まわりがやっていると自然に身についてしまう。世界的に進んでいると言われているドイツのゴミの分別も、あれは長いあいだにつちかわれた〝習慣〟ですよね。落ちているゴミを拾っても、『どこかに分けて捨てなきゃ』と考える。もう〝癖〟と言ってもいいかもしれませんね」

材質が似ていて分別のしにくいものも、従業員のアイデアで「つるつる」「ざらざら」など、わかりやすい分別用の名称をつけて、ボックスに記すなどの工夫もした。

今のところ再資源化にあたっての大きな問題点は出てきていない。しいてあげるならば、異なった材料が組みあわさったものの処理が、やはりむずかしい。たとえば空調のフィルター。使い捨てのものが多いが、本体はステンレスでなかに紙が使われている。全部ばらす必要があるので、お金を払ってリサイクル会社に委託している。

「今は、単一の材質でつくられたものも出てきてますから、廃棄するときのことを考えて、これからそちらにかえていきます。つくる側の方もきちんと廃棄のことを配慮している、そんな製品を買いたいですね」

と飯島。

今では工場内スタッフの分別の専門知識はかなりのもの。

再資源化に取り組む各企業

再資源化一〇〇パーセントに取り組む企業は多いが、アサヒビールの工場では、ゴミの分別のために要員を増やしたわけではない。

「専門の要員を雇って毎日分別をしてもらうわけではないですからね。マスコミや見学の方が来られても、『いろいろ見て比較してから、あったやり方選んでください』と言っています」

再資源化を進めるうえで、他業種に比べてアサヒビールがやりやすい点はふたつあるという。

ひとつは、扱っている製品が食品であること。

「無害ですよね。有害物や毒物がないのでとてもやりやすいんです。化学メーカーなどのほうがよりむずかしいのは当然です。見学に来られた際は、当社のやりやすさをご説明して、でもわれわれのやり方で参考になる点があれば、つかんでいってくださいとお話ししました」

ふたつめは、ゴミを出すのも分けるのもすべてアサヒビールの従業員だという点。

「たとえば市の行政だと、不特定多数の大人数を相手にしなければいけない。しかも、『分別の作業をするのは行政側の仕事じゃないか』と言う人も当然いる。だから、行政関係の方が見学に来られたら、われわれのやり方をそのまま用いるのはむずかしいでしょう、というお話をします」

リサイクル業者を紹介してほしい、という話もよくされる。「環境問題なのだから、自分たちだけでクローズするのではなく、できるだけ情報公開したい」と、そうしたリクエストにもこころよく応えている。

顔の見える関係

当時社長だった瀬戸は全国の工場を、精力的にまわって歩いた。

瀬戸がまず会うのは現場の人たち。最繁期など、三交代で仕事をしている作業員の労をねぎらう。同時に、作業環境の良し悪しを見て、責任者に改善のアドバイスをする。

「みんなとても感激してますよ。遠いところを社長みずから足を運んでくれて、作業環境のわるいところを直に指摘してくれる。経営ばかり考えるのではなく、現場を大事にしている気持ちが伝わってきます。社長のほうから足を運んでくれないと、現場の人たちは会えないですもんね。そうすることで現場の士気も高まるし、社長も情報を拾われていくんです」

地元の守谷町（現守谷市）との関係にも配慮を欠かさない。

工場の周辺施設として、テニスコートや体育館があるが、これらを守谷町の人に開放している。また、守谷町に寄贈したログ・ハウスもあり、それは外国からの訪問客をむかえる迎賓館の役割も果たしている。

地元の人との交流という点では、「お客様感謝イベント」など、さまざまな催しも行っている。

一九九七（平成九）年の七月七日には、守谷町の行政関係者など八百五十名ほどが集まり、瀬戸の講演会も行われた。産業廃棄物に対する、会社として、また個人としての考え方を瀬戸は語った。

取締役相談役にしりぞいた瀬戸が、当時を回想する。

「おかげさまで十一か月で、一年またずして、十一月に『ゴミゼロ作戦』が成功した。やはりわたしは、現場の諸君の創意工夫の成果であると思います。この成功で、ほかの工場も『われわれもやる！』という意識が湧いてきたわけですよ。大きな波がうねりだした……社員全体がそれぞれの地域社会においても環境問題に取り組まなければいけない、取り組むことによって、ものすごく世間から支持を得られるんだ、賛同が得られるんだ、という認識をみんなが持つようになったという意味で、この『ゴミゼロ作戦』第一号実験の意義は大きい」

瀬戸のあとを受けて池田弘一社長がつづける。

「わたしは『ゴミゼロ作戦』が始まった当時は、九州の営業責任者の地区本部長をやっていました。平成九（一九九七）年に流れたんですね、『ゴミゼロ工場』のコマーシャルが。当時のわたしは営業を担当していたので、流通の方に会う機会が多かったんですけども、このコマーシャルが非常に反響を呼びました。当時、九州の博多工場のビールは比較的鮮度が高かったんですけども、それに加えて、こういうこともアサヒはやっているんだ、ということで好意的に受けとっていただいたわけです。福岡に、福岡アサヒ会といって、月に二回、三、四百人集まっていただくビール愛飲者のつどいがあるんですが、その会にいらっしゃっていただいている各企業のトップの方たちのあいだでも反響を呼びました。工場だけじゃなくて、当時の営業の立場としても、今まではちがった切り口での売りやすさが加わった、というか応援団がいるな、という感じでしたね……最初は、まったくかわったことを始めたなあ、という感じだったのが、反響を呼ぶと、なるほどな、ということになるんですね」

そして、池田社長はこう締めくくる。

「社内教育、工場設備改善、そして周辺環境との調和……これからもアサヒビールは、より一層環境対策には力を入れていきます」

（瀬戸と池田の話は、『あとがき対談』［一五七ページ］のために二〇〇三（平成十五）年十一月十三日に行なったインタビュー時の要約。おふたりのアサヒビールの環境対策についての見解詳細は『あとがき対談』参照）

（一九九九［平成十一］年九月二十七日取材）

■茨城工場データ■

所在地■茨城県守谷市緑。

敷地面積■三八万八〇〇〇平方メートル。

職員数■従業員約二百五十名。グループ会社も含めた総従業員約五百五十名。

操業開始年■一九九一（平成三）年四月操業。

年間生産量■大瓶《びん》換算約八・三億本（二〇〇二〔平成十四〕年度実績）。

■語り手■

高橋勝俊　一九五四（昭和二十九）年九月二十四日生まれ。本社エンジニアリング部エネルギー課長時代には、ゴミの再資源化一〇〇パーセント、ノンフロン化、ISO14001認証取得などの環境問題対策に積極的に関わっていた。一九九九（平成十一）年より四国工場エンジニアリング部長。西宮工場技術開発推進室長を経て、二〇〇三（平成十五）年九月から本社技術部長。

飯島　努　一九三八（昭和十三）年生まれ。一九六二（昭和三十七）年入社。東京工場醸造課、茨城工場総務部課長を経て、一九九八（平成十）年八月定年退職。

二章　完全ノンフロン化に挑戦
——名古屋工場

名古屋市中心部から車で三十分。河口で伊勢湾へと注ぐ庄内川のほとりに町工場と住宅地に囲まれたアサヒビール名古屋工場がある。昔ながらの「工場町」といった雰囲気が、あたり一帯にただよっている。

一九九九（平成十一）年四月、名古屋工場は、一般フロンおよび代替フロンの使用を全量廃止し、日本のビールメーカー初の「完全ノンフロン化工場」を実現した。ビールの生産工程のみならず、空調、冷蔵庫、自動販売機など、すべての設備を自然冷媒によるものに切り替えた。オゾン層破壊防止と地球温暖化防止を目的としてのものだ。

同時に、エネルギー・システムも全面的に見直した。「アンモニア吸収式冷凍機」と「コジェネレーション・システム（都市ガス

を使った自家発電）」の導入によって、さらなる省エネルギーと炭酸ガス排出量削減にも成功した。

工場ノンフロン化チャレンジ目標が立案された

アサヒビールの本社エンジニアリング部（現技術部）は毎週月曜日、仕事あがりに社員クラブで飲み会を開いている。

エネルギー課、設備課を含めて十四人ほどが集まる。この飲み会からアイディアが具体化し、つぎの日から即実行されることもあるという。

工場のノンフロン化の方針が打ち出されてまもなく、とある日の飲み会で、旭　興一（当時エンジニアリング部長、現アサヒフードアンドヘルスケア株式会社代表取締役社長）が言った。

「名古屋でちょっとおもしろいことをやってみるか」

名古屋工場を、製造工程だけでなく全面的にノンフロン化してしまおうという提案だった。ゴミの再資源化一〇〇パーセントも目処が立ったし、ほかのビール会社もゴミゼロを言いだし始めたので、「ちょっと視点をずらそう」と考えての発言だった。

どうせ飲んだ席での話だろう……とまわりの人間は思った。

名古屋工場全景

つぎの日、高橋勝俊（当時本社エンジニアリング部エネルギー課長、現本社技術部長）が出社すると、「昨日の話だけどな、さっそく名古屋ですすめよう」と旭が言ってきた。

「それで旭と岡田　豊（当時エンジニアリング部副部長、現株式会社アサヒビールエンジニアリング常務取締役）とわたしの三人で、すぐに電車に乗って名古屋工場へ飛んで行きました（笑）」

電車のなかで高橋は、以前吹田工場で行った製造工程のノンフロン化をイメージして、そのことだけを考えていた。

ガスで発電した排熱で蒸気をつくり、それをアンモニア吸収式冷凍機の熱源にして冷却熱をつくる。さらにあまったものでプロセス蒸気をつくり、その一部を今度は冷凍機に入れてボイラーに吸熱化する。つまり「熱のクローズ」。それが吹田工場のケースだった。この部分は名古屋工場もまったくおなじだ。

「名古屋工場のノンフロン化についても、そういうイメージで電車に乗っていたんです。しかし、どうやらそれだけじゃない。自動販売機があるじゃないか、冷蔵庫もクーラーもあるぞという話になっていった」

ノンフロンを実現するうえで苦労したのは、製造設備そのものではなく、むしろ周辺設備だった。冷却設備を含め、熱関係の媒体には、ありとあらゆるものにフロンが使われていた。

「『それ全部はむずかしい。うちじゃできないですよ』って言ったんです。そしたら『まえにも、工場の廃棄物再資源化一〇〇パーセントのときに言っただろ。ゼロはゼロなんだ』とまた言われました」

腹をくくった高橋は、月二回は名古屋工場へ通った。

――あくまで株主からお金をあずかっている立場なので、株主には迷惑をかけられない。

そんな思いから、

「儲かることにお金を使うのはいいけど、環境のためだけにお金を使うのは、株主も納得しないのではないか」

と高橋は旭に言った。

旭の答えは、

「じゃ儲かるように見直せばいい」

というものだった。

冷熱システムによる電気、熱の収支を全部見直し、負荷がどれだけあって、どこでどう発生させればいくら儲かるのかはじき出した。その結果、システムをかえることで、トータル四億三千万円儲かることがわかった。そうすると金利が三パーセントであっても、八年から十年で回収できるのではないか。本来なら三年から五年で回収するのが普通だが、環境対策が目的ということで株主にも納得してもらえると思った。

高橋は、自分に言い聞かせるように言う。

「環境に優しく、しかもコストパフォーマンスもよい。株主の方も文句ないですよね」

環境対策の重要性は重々承知だが、キャッチ・フレーズだけではどうにもならない。

「やはり企業はコストと利益を重視して成り立たないといけないんです」

大工場を舞台に、計画的にこれだけの規模で、しかも自動販売機までノンフロン化を行ったところはどこにもないだろう、と高橋は胸を張る。

「技術者としては夢ですよね、ほんとにゼロにできるっていうのは」

ギネスブックにも申請したが、「ほんとに最初に達成したかどうか測定のしようがない」と裏づけがとれないことで認定されなかった。

企業としての現実を見つめつつ、「こういう仕事は夢を持ってやらなきゃいかん」という言葉に表れているように、プロジェクトにたずさわるみんなが夢を描きつづけながらすすめた事業が名古屋工場の完全ノンフロン化といっていいだろう。

……そう、とにもかくにも「感動の共有」の第一歩は、関係者全員が「夢を共有」することからはじまっていた。

ノンフロン化スタート！

一九九七（平成九）年の冬、本社から「名古屋工場ノンフロン化計画」の打診がきた。すでに進行中の「ゴミの再資源化一〇〇パーセント・プロジェクト」と同時進行させ、一年後を目処に完成させるように、とのことだった。

名古屋工場の現場では、当時エンジニアリング部エンジニアリング課の課長補佐だった佐々木靖仁（現西宮工場技術開発推進室担当課長）と川合康雄（現吹田工場技術開発推進室室員）が中心になって取り組むことになった。

佐々木靖仁

佐々木は三十歳をすぎてアサヒビールに入社した中途採用組。

「こうやっていきなり抜てきされて、ポンと大きな仕事をやらせてもらえるのでやりがいがありますね。『環境保全型企業』という言い方がいいかどうかわかりませんが、企業としてひたむきに環境問題に取り組むアサヒの姿勢はすばらしいと思っています」

佐々木が名古屋へ来たときには、すでにおおまかな方針は決定ずみ。アンモニア吸収式冷凍機とコジェネレーション・システムを取り入れる方針など、下地づくりは進んでいた。計画を実践に移そうとしていたちょうどその年の十二月、京都で「地球温暖化防止京都会議（COP3）」が開かれた。世界百八十六か国・一地域の代表が集まったこの会議中、「代替フロンは、オゾン層は破壊しないが地球温暖化係数が高い」という報告が出された。

それを受けて、「うちにはノンフロン化の下地はある。どうせやるんだったら、生産工程以外もフロンを全部撤廃しよう」という話が、さらに具体性を帯びてきた。本社の旭や高橋が、夢として描いた工場の完全ノンフロン化計画が、現場で現状を直視しながら綿密に練られた。

名古屋工場の操業は、一九七三（昭和四十八）年四月。今から三十年まえのことだ。その後、「スーパードライ」の発売、ビール事業の急拡大があった。

「工場立ちあげの当初と、スーパードライ以降のギャップというんでしょうか、工場のあり方がずいぶんかわってきたと思うんです。増産、増産でやってきていたので、工場としての機能をはじめ、いろんな面でバランスが崩れていたんです。だから環境への取り組みは、ビール工場としてのあり方を見直すいい機会でもありました」

アンモニア吸収式冷凍機とコジェネレーション・システムについては、先に実績のあった

←名古屋工場では　エアコン　屋外用ドロップ・イン方式自販機　屋内用間接膨張方式自販機などにいたるまで　すべてノンフロン化している

吹田工場から情報を得ながら進めた。しかし、クーラーや自動販売機などの情報は自力で集めていくしかなかった。

機械設計を担当したダイキンプラント（ダイキン工業の子会社）の人たちと一緒に、さまざまな文献やインターネットを通じて、参考になりそうなものを徹底的に調べた。

「外国でも似たようなケースがほとんどなかったので、『既存の技術でどこまでの例があるのか』をおもに調べていました」

ダイキンプラントは、調査の過程でドイツへも視察に行っている。

ノンフロン化のために新しくつくった機械は、既存技術の組みあわせによるものが多い。たとえば、エアコン、屋外用ドロップ・イン方式自販機、屋内用間接膨張方式自販機などはそうやってノンフロン化した。冷蔵庫は手っ取り早くドイツから輸入した。

工場内にある自動販売機はすべてアサヒ飲料のもの。グループ会社とはいえ、契約など一応すべての手順を踏まなければならず、その途中でいろいろともめごともあったという。

「はじめて〝ノンフロン工場〟の話を聞いたときは、『そこまでできるの？』と、かなり疑問があったのはたしかです。でも自販機の目処がたった時点で、これはなんとかなるな、と思うようになりました。やはり最後のツメの細かい部分で大変なエネルギーと時間がかかりました」

プロジェクトのピーク時には十数名のスタッフが工事担当として関与していたダイキン

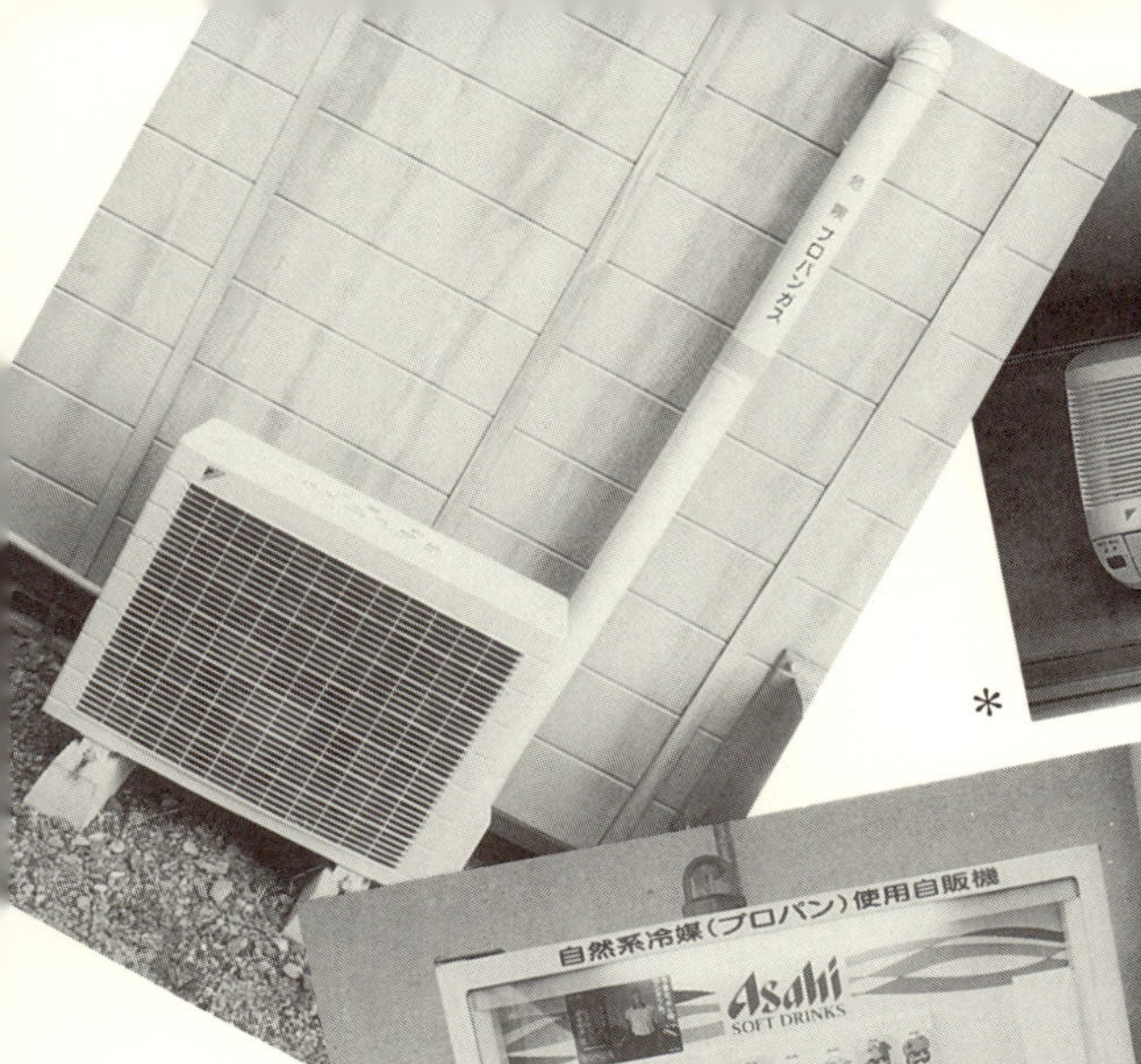
プロパンガス

*

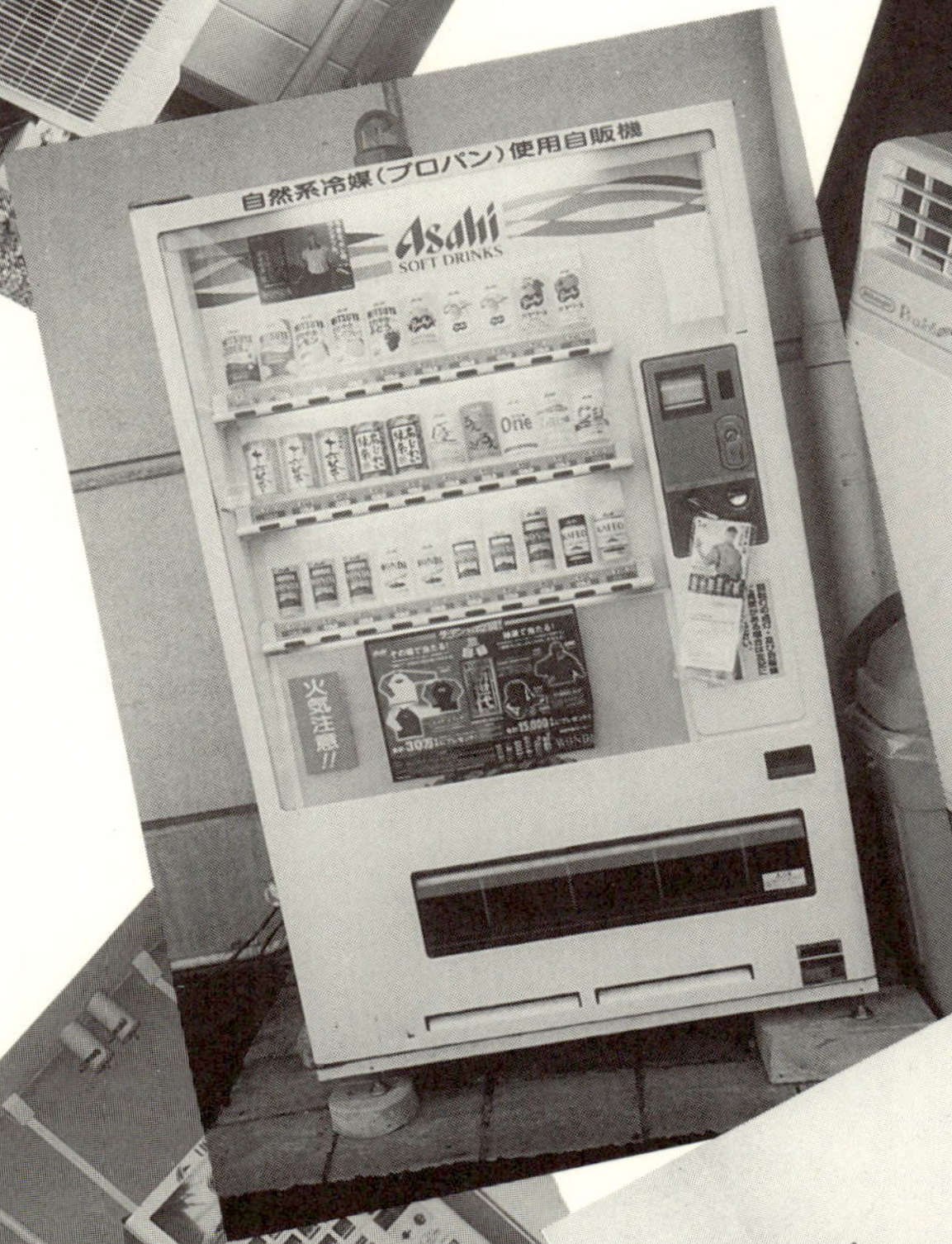
自然系冷媒（プロパン）使用自販機
Asahi
SOFT DRINKS
火気注意!!

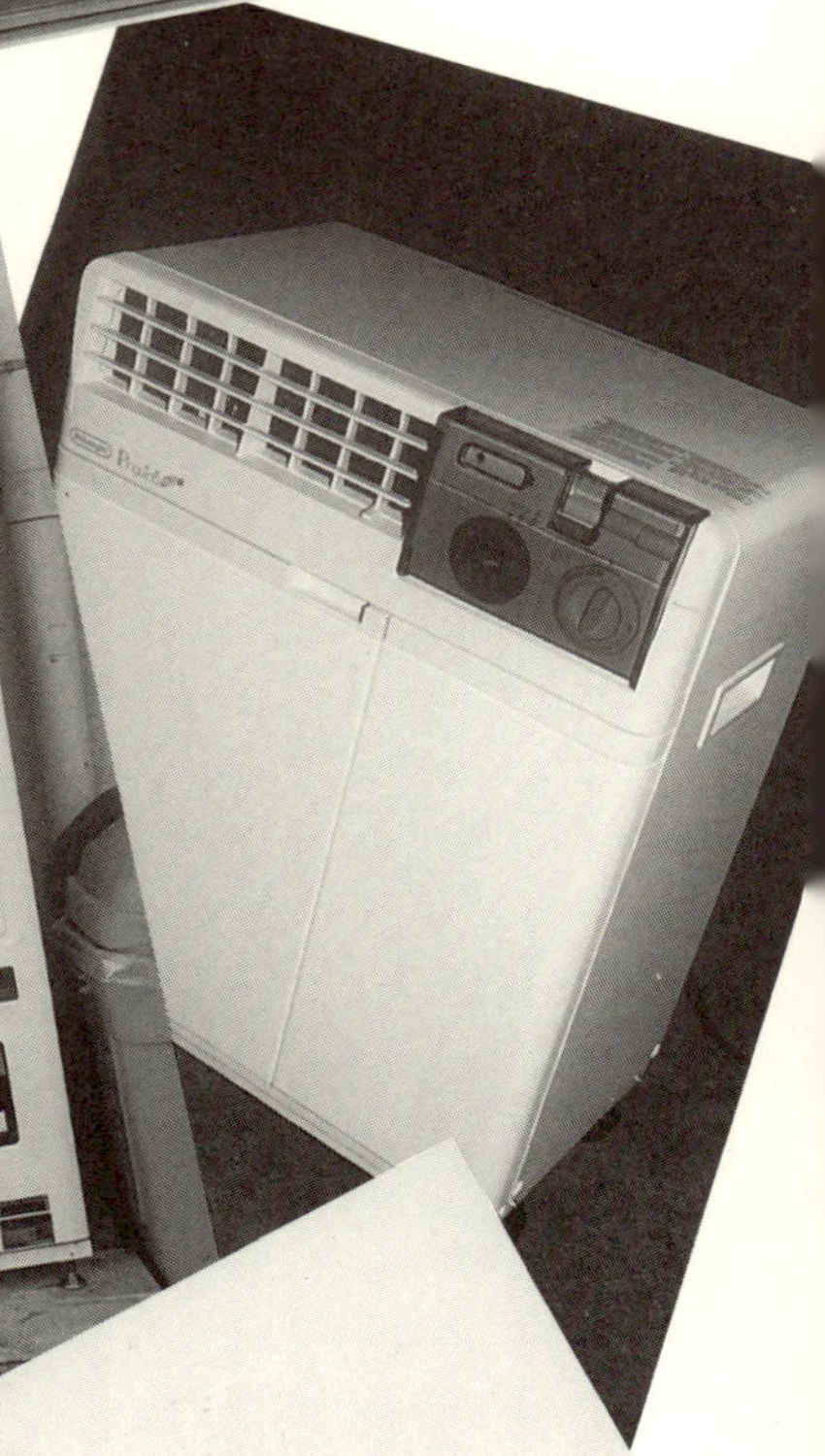

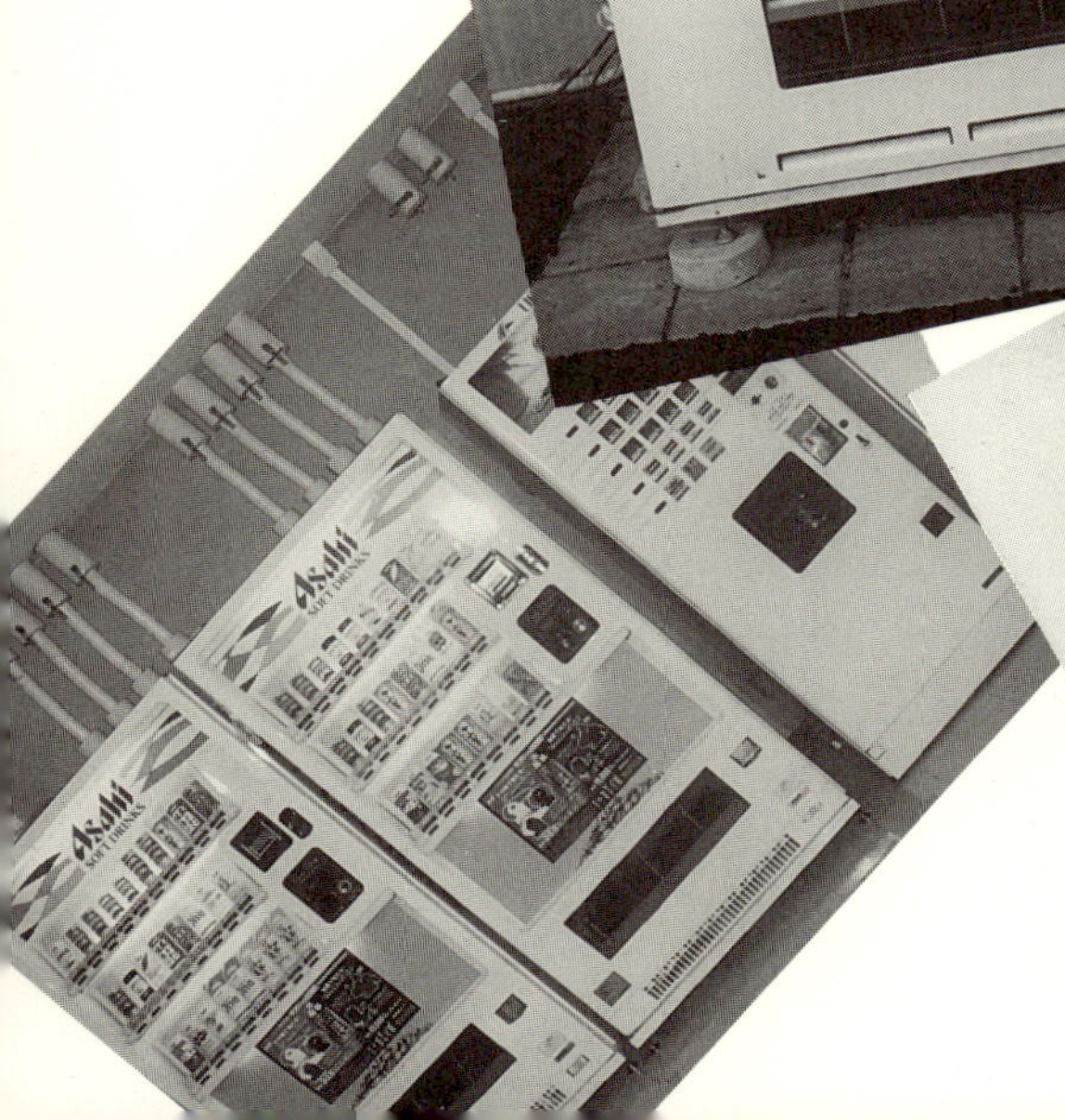
Asahi
SOFT DRINKS
Asahi
SOFT DRINKS

*

プラントとは、とくに密に連携した。

「おたがいどうしても思った通りにいかない部分が出てきて、衝突もしました。技術的な話も、あと工期の話も当然出てきます。工場のラインを動かしているので、設備切り替えのタイミングがどうしてもかぎられますよね。その点でダイキンプラントは、かなり苦労されたと思います」

ノンフロン化の実現と、コジェネレーション・システムなどのエネルギー使用システムの更新にかかわる費用は、約三十八億円であったが、「トータル・エネルギーを従来に比べ約三〇パーセント削減することが可能になる」という。

ノンフロン化を進めるに当たっては、役所との折衝が数多く発生してくる。

アンモニア吸収式冷凍設備導入にともなうアンモニア使用には「高圧ガス保安法」という法律がひっかかってきた。愛知県庁の産業技術課とシビアな交渉がつづいた。

フロンは不燃性、熱に対する安定性、毒性が少ないなど多くの優れた性質を備えている。そのため、事故や災害が起きた際、フロンはある意味で〝安全〟なのだ。

一方、アンモニアは〝可燃性毒性ガス〟にあたり、県庁側も認可に際してかなり慎重になった。愛知県はとくにその規制がきびしい。

「それでもアンモニア吸収式冷凍機については、産業技術課の方がずいぶん勉強しておられて、当初思っていたよりは折衝もすんなりといったんです」

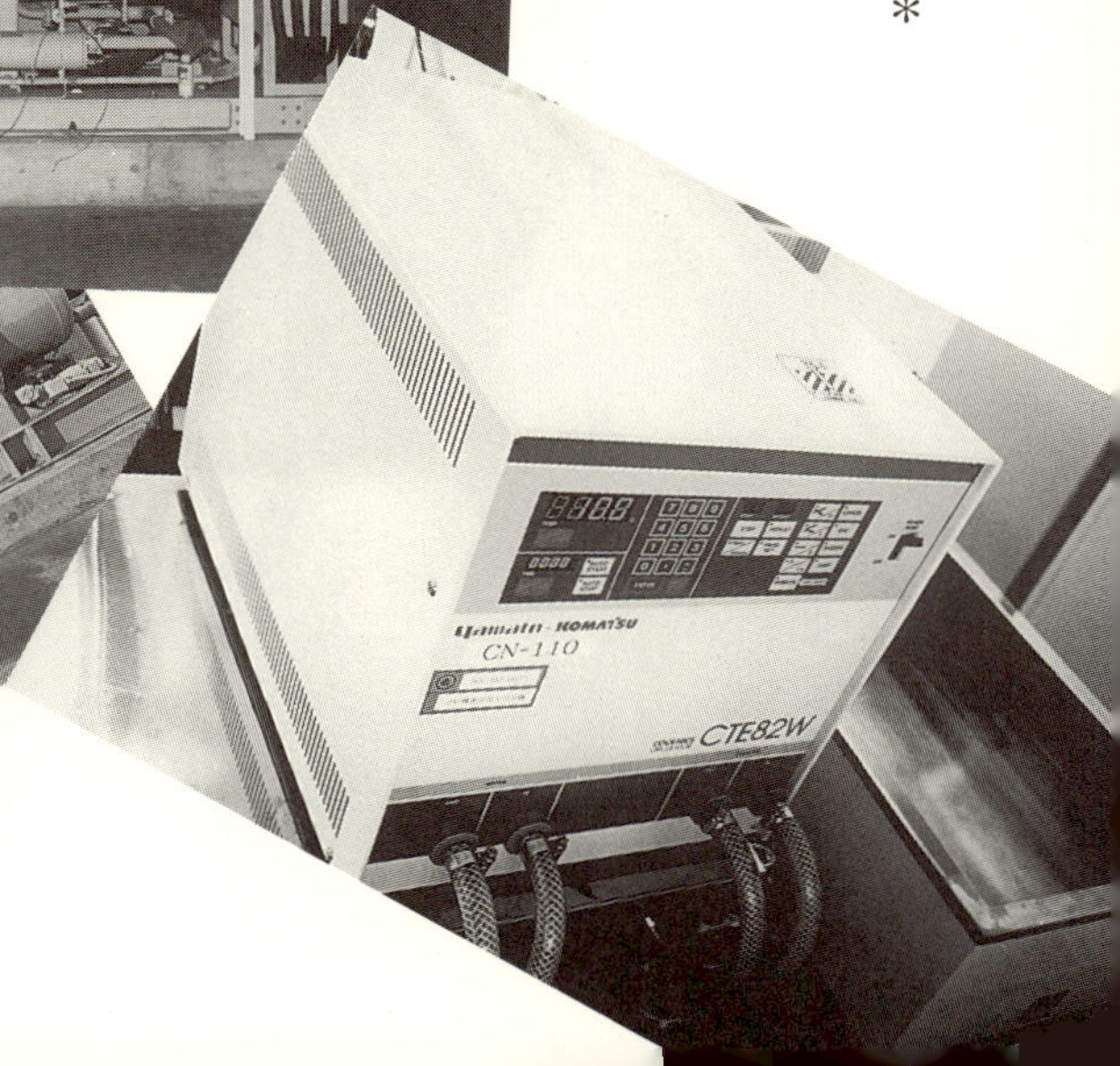

アンモニア吸収式冷凍機（写真上から2枚目まで）＊
アンモニアスクリュー冷凍機（写真3枚目）
蒸気背圧タービン駆動冷凍機（写真左下）＊
電子式冷却機（写真右下）＊

時間がかかったのはアンモニアスクリュー冷凍機。前例がないため、愛知県の基準を新しくつくらなければならず、県庁の担当者も勉強に追われたという。

「機械に関する細かい部分で技術的にとても苦労しましたが、認可をもらうための〝技術〟もなかなか骨の折れるものだったんです（笑）」

実際にアンモニア使用を申請してから許可がおりるまでの期間は二か月ほどだったが、くり返し行った事前折衝から含めると半年かけたことになる。

ノンフロン化達成

関係者の努力が実り、一九九九（平成十一）年四月に名古屋工場は全面ノンフロン化を達成した。

このことはアサヒビールのテレビ・コマーシャルによって、お茶の間に紹介された。しかし、一般消費者の反響はとぼしかった。

「環境問題全般的にむずかしいと思いますが、フロンはそのなかでもとくにわかりにくい。『ノンフロンってなあに？』と言われてしまうかもしれない。その点では、ゴミのほうがわかりやすい」

一九九六（平成八）年に茨城工場が「ゴミゼロ」を達成した際に流したテレビコマーシャ

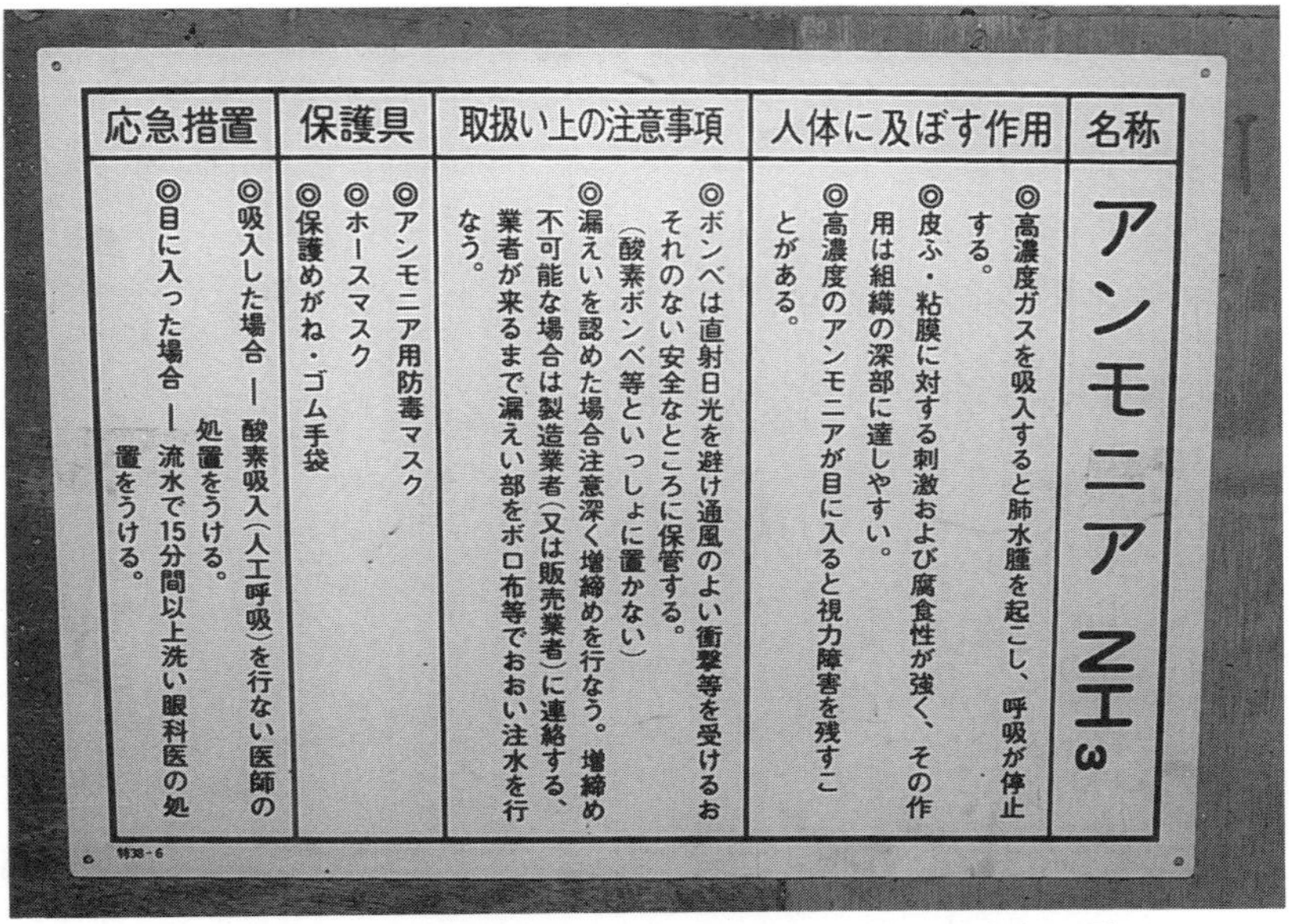
名称
アンモニア NH_3
人体に及ぼす作用
◎高濃度ガスを吸入すると肺水腫を起こし、呼吸が停止する。
◎皮ふ・粘膜に対する刺激および腐食性が強く、その作用は組織の深部に達しやすい。
◎高濃度のアンモニアが目に入ると視力障害を残すことがある。
取扱い上の注意事項
◎ボンベは直射日光を避け通風のよい衝撃等を受けるおそれのない安全なところに保管する。
(酸素ボンベ等といっしょに置かない)
◎漏えいを認めた場合注意深く増締めを行なう。増締め不可能な場合は製造業者(又は販売業者)に連絡する、業者が来るまで漏えい部をボロ布等でおおい注水を行なう。
保護具
◎アンモニア用防毒マスク
◎ホースマスク
◎保護めがね・ゴム手袋
応急措置
◎吸入した場合 ― 酸素吸入(人工呼吸)を行ない医師の処置をうける。
◎目に入った場合 ― 流水で15分間以上洗い眼科医の処置をうける。
アンモニアのあつかいには細心の注意が必要(名古屋工場内の注意書き看板)

ルの反響は大きく、工場の来客数、見学者数ともに急増し、「事務所の電話が鳴りっぱなしで仕事にならなかった」という茨城工場のような〝嬉しい悲鳴〟を名古屋工場のノンフロン化プロジェクト・チームの面々はあげることはなかった。

――ゴミ問題に比べると、フロンはまだまだ「身近な問題」にはなっていない。

と佐々木は思った。

「南極のオゾン層が薄い、とか言っても身近じゃないでしょう。十年後には、あらためてノンフロンの評価もちがってくるでしょうけど、みなさんにアピールするという点ではちょっと早すぎたかもしれません」

同様に、ゴミゼロの時とはちがって、ノンフロン化に関しては社内に意識を浸透させるのがむずかしかった。

完全ノンフロン化した工場から　今日もビールが出荷されていく

「まあ、新しい自販機にしたって、見た目はたいしてかわってない。冷蔵庫も開ければまえとおなじ。そのへん、地味でつらいところがありますよね。エアコンも『ノンフロン化してから故障が多い』なんてことになったら困るわけで（笑）」

仕組みを大きくかえる大改革だが、「ノンフロン化したことで、使い勝手や能率の部分がかわってはダメ」というむずかしさがあった。

「ゴミゼロの時は、分別にしろ何にしろ『従業員一丸になってやらないと達成できない』という意識で〝感動の共有〟が起こってました。一方、ノンフロン化はけっこう孤独な部分もありましたね（笑）」

それでも、工場長の積極的なはたらきかけもあり、社内行事の際などには、かならずこの事業を発表した。

その甲斐あって、徐々にではあるが社内に意識が浸透していった。

「工場内や近隣住民の方だけではなく、もっと大きく、地球全体の問題ですから」

佐々木は、当時を振り返りながら、たんたんと語り終えた。

名古屋工場の経験を生かして、二〇〇二（平成十四）年度に操業を開始した神奈川工場は「完全ノンフロン工場」としてスタートした。旭をはじめ高橋や岡田など本社の〝基本の絵〟を描いた人たちや、佐々木や川合、それにダイキンプラントの現場の人たちの〝早すぎて孤独な地球のための抜本的な工場の環境改革〟のパイオニア・ワークは、神奈川工場できっちりと生きている。

（一九九九［平成十一］年十月三日取材）

■名古屋工場データ■

所在地■愛知県名古屋市守山区西川原町。

敷地面積■一七万二〇〇〇平方メートル。

職員数■従業員約二百五十名。グループ会社も含めた総従業員約五百名。

操業開始年■一九七三（昭和四十八）年。

年間生産量■大瓶《びん》換算約五・二億本（二〇〇二［平成十四］年度実績）。

■語り手■

佐々木靖仁　一九六一（昭和三十六）年三月十一日生まれ。中央大学理工学部卒。取材当時、名古屋工場エンジニアリング部課長補佐。化学プラント系のエンジニアリング会社を経て、一九九七（平成九）年アサヒビール入社。二〇〇三（平成十五）年現在、西宮工場技術開発推進室担当課長。

川合康雄　二〇〇三（平成十五）年八月まで技術研修センター所属。同年九月一日より吹田工場技術開発推進室勤務。

三章　ISO14001認証取得第一号工場裏話
——福島工場

浦和から東北自動車道を北へ走ること二時間半。

「本宮ＩＣまで二キロ」の看板とともに、右手に銀色の屋外タンクが目に飛びこんでくる。

安達太良山のふもと、そばには五百川《ごひやくがわ》が流れる。自然に囲まれた田園風景のなかに点在する工場のなかのひとつがアサヒビール福島工場だ。

本宮ＩＣで一般道へおりて、国道四号線を五分ほど行くと、道路沿いに工場の入り口が現れる。正面にゲストハウスとビアホールがあり、左側にア↘

↘サヒビール園福島。ゲストハウスのなかに飾られたISO14001の認証書から、アサヒビールの環境に対する取り組みへの自信がうかがえる。

福島工場は二〇〇二（平成十四）年操業三十周年をむかえた。一九七二（昭和四十七）年の設立当初はサイダー工場としてスタートした。↘

↘全国に九か所あるアサヒビール工場は、一九九八（平成十）年十二月の福島工場を皮切りに、二〇〇〇（平成十二）年までにすべての工場がISO14001の認証を取得した（二〇〇二〔平成十四〕年五月操業の神奈川工場をのぞく。神奈川工場は現在取得に向け準備中）。福島工場が取得第一号となったことには取り立てて理由があるわけではなく、「ほかの工場の増設工事や忙しさのちがいが影響した」という。当時すでに、ゴミの再資源化一〇〇パーセントを達成していた福島工場は、それにつづくプロジェクトとしてISO14001認証の取得を進めた。

ISO14001認証取得

アサヒビール福島工場の社員は、つねにISOに関する「環境方針カード」を携帯している。

いわく、

『ＩＳＯとは、International Organization for Standardization のことで、ある特定の分野、環境、消費、品質などにおける国際的な規格である。この規格を満たす企業には認証が与えられ、その認証は世界中で通用する。企業活動が国際的になってきた今日、ＩＳＯを有する企業が増えている。そのなかでISO14001は、環境の分野についてさだめられた国際規格である。この規格を構築し、運用していく過程で、事業活動において生ずるさまざまな環境負荷を継続的に軽減または予防することができる。ISO14001は、みずからさだめた環境改善に関する取り組みをみずから検証（監査）することで、継続的な改善を遂げている。

なぜ今ISO14001なのか？

自然のめぐみからビール製品の原材料を得るわれわれにとって、環境保全は当然の義務である。以前から環境保全に取り組んできたわれわれは今、世界のお客さまに評価される企業を取引先として、選択するといった動きが世界的に高まっている今日、ISO14001を有することはわれわれにとって必要不可欠の行為となる』

……寡聞《かぶん》にして、この手の「環境方針カード」を、常時、社員が携帯しているという話は他社であまり聞いたことがない。

「環境方針カード、ユニークですね」

という問いかけに、

「あのカードは全社員が携帯しています。いつも身近にISOに触れることで、少しでも社員の環境保全に関する意識が高まればと思い、つくりました。ISOの認証取得が達成できれば環境にやさしくなったというものではありません。環境保全の取り組みを継続し、改善しつづけることが重要なのです」

益山嘉章

と語る。

益山嘉章（当時三十四歳）は技術屋らしい静かな語り口で、たんたんと語る。アサヒビール福島工場エンジニアリング部の技長である。愛知工業大学工学部を卒業して、一九八九（平成元）年に入社。吹田、西宮、本社のエンジニアリング部を経て、現在に至る。本社時代から環境関連の業務に取り組んでいる。本社時代には、「茨城工場再資源化一〇〇パーセント」の本社窓口を担当していた。

ゴミの再資源化一〇〇パーセントやノンフロン化に比べて、ISO取得までの過程はイメージしにくい。

「おもなものは、書類の整備とシステムづくり。とにかく膨大な量の書類が必要でしたね」

たとえば、全社員にシステムを徹底させるための手順書。

全部署共通の部分を事務局が作成し、各部署に特有の内容はそれぞれの部署でつくった。ISO14001の規格に妥当かどうか、事務局の承認を得てから各部署へ配付される。

「とにかくはじめはＩＳＯに関して認識のある人は、ほとんどいませんでした。だから外部から講師を招いて、まず『ＩＳＯとはなんだろう?』というところから勉強会を始めました」

勉強会では、ＩＳＯそのものの仕組みや自分たちの工場の現状把握に努めた。

工場全体の図面を見て、たとえば「病院や幼稚園といった建物がまわりにないか？　どれくらい離れているか?」「薬液入りドラム缶の保管状況はいいか、過去に土壌汚染につながるようなことはなかったか?」「現状として、どこの職場で、どの薬剤をどれだけの量、頻度で使っているか?」といった、環境に負荷を与える可能性のある要因を洗い出した。

そのような現状把握におよそ三か月ほど費やした。調査のための文書を集めたファイルは三〇センチほどの高さになった。それらを評価し、半年かけて実施のためのマネジメント・プログラムを作成。マイナスの要素は順次改善していった。

「マネジメント・プログラムで各部署で取り組む目的や目標の数字を示して、達成実績や今後の予定を毎月確認していきました」

マネジメント・プログラムを作成したのが一九九八（平成十）年の六月。そのプログラムが予定通り実施されているかどうか、つまり今回構築した環境マネジメント・システムがうまくまわっているかどうかを内部監査したのが九月と十月。できていなかったところを手直したのち、十一月十七日から十九日にかけて実際に外部の機関に審査してもらった。

ＩＳＯ取得へのキックオフからちょうど一年がたった一九九八（平成十）年十二月二日。

念願のISO14001認証を取得した。

さて、この章の冒頭にあげたユニークなアサヒビール福島工場の「環境方針カード」には、まだまだ、おもしろい工夫がなされている。

社員それぞれが「環境問題に対してどう取り組むか」という自己目標を、そのカードの裏に明記している。「わたしの環境保全宣言」である。

益山の宣言は、「EMS（環境マネジメント・システム）が運用され、さらに向上するよう努める」というもの。

ひとりひとりが手の届く範囲で目標をさだめ、さまざまな宣言をしている。

「廃棄物一〇〇パーセント再資源化のためにきちんと分別をする」

「トイレを出るときには電気を消す」

「コピーは極力裏紙を使います」

「日常生活のなかから徹底したゴミの分別を行い、捨てるまえに再利用を考えます」

ISO14001認証取得のスタートは「一年で認証を取得するように」というトップ・ダウンの指示からはじまったかもしれない。しかし、動き出してしまうと、試行錯誤しながらも全員で取り組む「感動の共有」が、ここにもあった。一連の「廃棄物再資源化一〇〇パーセン

おおぜいの人が工場見学にやってくる

ト」、「ISO14001認証取得」のプロジェクトを通じて、福島工場ではたらくひとりひとりのなかに、環境問題に対する意識がつちかわれていった。先ほどの「環境方針カード」は、そのいい例だ。

ISO14001認証取得は、対外的な意味あいはもちろんのこと、アサヒビール社員の内面的な意味でも明らかに大きな効果をもたらしていた。

再資源化の工程

アサヒビール福島工場見学の際の案内役は、すべてアサヒビールコミュニケーションズに依託している。ほかの工場も同様である。

熊田怜子（当時二十一歳）が本日の案内役。地元福島の郡山女子短期大学を卒業後、アサヒビールコミュニケーションズに入社し、福島工場へやってきた。

「はじめ廃棄物を一〇〇パーセント再利用していると知ったときは驚きました。きびしく細かく分別していて、ひとりひとりが徹底して取り組んでいるなあ、と思いました」

と彼女は入社時の驚きを語る。

福島工場は、茨城工場についで二番目に「廃棄物再資源化一〇〇パーセント」を達成した。工場見学コースの途中にあるショーケース。工場内で発生する廃棄物を再資源化したも

一番多く出るゴミはモルトフィード　エー・アンド・シー・クリエイトが回収する↑↓

のが展示されている。

一番多く出るゴミはモルトフィード（麦芽の殻皮）。これは、家畜の飼料になる。もちろん工場内で飼料をつくっているわけではない。生のままリサイクル会社（エー・アンド・シー・クリエイト）が回収し、糖蜜を加え処理される。

ほかの廃棄物はつぎのように再資源化されている。

余剰酵母　タンクローリーでアサヒフードアンドヘルスケア株式会社
（栃木県）へ⬇エキスを抽出し、調味料など。

ろ過フィルター　プラスチックの処理業者へ⬇プラスチック

ラベルかす　蒸して製紙会社へ⬇再生紙

王冠　鉄材の委託契約のリサイクル会社へ⬇鉄材

再利用できない木製パレット⬇製紙や燃料用

使用ずみドラム缶　⬇鉄材

アルミ缶　⬇新アルミ缶

包装紙　⬇再生紙

シュリンクフィルム　⬇プラスチック架台

プラスチック箱　⬇プラスチックパレット

汚泥　⬇たい肥

段ボール　⬇段ボール

食堂からの生ゴミ　⬇二酸化炭素と水に分解

乾電池　⬇テレビ部品などソフトウェア

工場見学ルートの案内役は、熊田怜子だけではない。アサヒビールコミュニケーションズ

案内係も売店の販売員も美女ぞろい

の女子社員——案内係十三人（二〇〇三［平成十五］年十二月現在）が、観光バスや自家用車でやってくる見学客たちに、にこやかに応対する。いずれの案内係や売店の販売員も赤や黄色の制服がよく似合う清楚《せいそ》な女《ひと》たちである。この美女たちが、廃棄物再資源化展示ショーケースのまえにさしかかると、熱のこもった説明をしてくれる。現物がわかりやすく展示されているので、「なるほど、こんなふうになっているのか」と、関心を持つ見学客もけっこう多い。見学客用の売店の販売員の女性もいい感じの女《ひと》ぞろいで、見学客はついつい財布のひもをゆるめて、アサヒビール関連グッズを、あれこれ買ってしまう。

ISO14001認証取得工場の環境管理

小林　徹

開口一番、

「福島の米はうまいですよ」

と福島工場総務部課長の小林　徹（当時五十八歳）。北会津郡北会津村出身。米づくり農家の次男坊である。「実家を出てどこかへいかなければ」と、通っていた高校の求人を見てアサヒビールの入社試験を受けた。一九六三（昭和三十八）年入社。はじめは東京支店勤務。現在は、福島工場に三春から通っている。

小さいときから農業を手伝ってきて、一転して大企業勤め。入社してすぐ、一番苦労したのは〝ことば〟だという。

「会津弁、いわゆる〝ずうずう弁〟でしょ。新入社員はとりあえず電話を取らされるので困りました。『何を言ってるのかわからない』と言われて（笑）」

入社してすぐは物流部門に配属された。現在はグループ企業の株式会社アサヒカーゴサービス東京の業務となっているが、当時はすべてアサヒビールの社員がやっていた。

「フォークリフトも操縦してたんですが、よくビール瓶《びん》を壊しましたよ（笑）」

委託契約をしているリサイクル会社がゴミを回収していく

その後営業へ異動。東京や各支社で営業畑を歩いてきた。入社当時、アサヒビールのシェアは大きかったが、小林が営業へ移ったころにはキリンビールが強く、「しんどかった」という。

五年まえに福島工場へ。工場勤務はこれがはじめてだ。

営業と工場の現場と、どちらがおもしろいかと尋ねると、「うーん……それはむずかしいですね」。

環境担当になって三年ほどたつが、普段は経理や庶務、福祉、人事などに追われる。

「ビール工場は、使ってる原料はすべて自然のもの。水、麦、ホップと、農家みたいなものです。そこから出るものだから環境に優しいはずなんですよね」

工場から出る廃棄物の九八・三パーセントは、社をあげて廃棄物再資源化一〇〇パーセント化に取り組むまえから再利用されていた。

以前は、のこりの数パーセントを埋め立て処分や工場内にある焼却炉で処理していた。今はもちろん焼却炉はない。

「埋め立てをやめたからといって終わりじゃないです。ちゃんと再利用されてるかどうか、リサイクル会社さんの選択も含めて重要。地元にかぎらず、確実に再利用してもらえるリサイクル会社を選びました」

小林は、茨城工場の現場で「ゴミゼロ作戦」に最初に取り組んだ貞苅陽二郎工場長とおなじようなことを言う。茨城工場の経験律は、きっちりここでも生かされているということだろう。

ISO14001認証のなかの規定で、最低年一回は全社員に対して環境教育を行うことになっている。

「これからも、アサヒの社員はもちろんのこと、工場内で作業されてる協力会社、グループ会社の方たちへの環境教育を進めていきたい」

高校を卒業してからずっと「アサヒビールしか知らない」という小林。「少し休んで花でも育ててみようかな」と思うことがある。

「おかしな話で、環境に取り組んでいるわたしが、今まで自然を楽しんだり、花を見て『きれいだな』とか思ったりするゆとりがなかったから。やっぱり、自分が自然と向きあうのが一番ですよね」

どんな人がどんなふうにはたらいている？

学生時代よく通っていた国道四号線から、福島工場の〝でっかいタンク〟をながめて、「大企業なんだなあ。入ればいいいな」と思っていたという。

大和田恵子（当時二十七歳）は、学校に来た求人がきっかけで一九九三（平成五）年にアサヒビールへ入社した。

入社以来ずっと福島工場に勤務している。入社当時は工場内の物流部門にいた。もともとは事務関係で入社したが、実際には現場管理の仕事にも携わった。

大和田恵子

「今は総務部で日々さまざまな仕事をしております。従業員の通勤費管理から、社会保険事務、社員旅行の企画、あと全社的に行っている環境ボランティアの企画をしたり。みなさん温厚な方ばかりなので、人間関係も円滑です」

環境ボランティアでは、年に二回、休みの日に、工場周辺のゴミ拾いなどを行っている。

「物流にいたころは社員の方と接する機会が少なかったのですが、今はそういう機会がぐんと増えて楽しいです」

休みの日は会社の部活動として、学生のころからつづけているテニスをしたりしてすごす。

仕事を含めた、今後の抱負を尋ねると、

「せっかく工場ではたらいているので、できれば製造現場に出てみたいな、と思ってます。あと、環境ボランティアの担当しているので、たくさんの社員が『少しでも住みやすい環境を整えよう』と考えられるように環境意識を高めていきたいですね」

と語った。

アサヒビールの環境対策は、たしかに、「ゴミゼロ作戦」から、「工場ノンフロン化作戦」、そして、「ISO14001認証取得作戦」など、すべての作戦が当初はトップ・ダウンで始まったかもしれないが、一般社員まで、しっかりと浸透している。

（一九九九［平成十一］年十月十九日取材）

■福島工場データ■

所在地■福島県安達郡本宮町。

敷地面積■二五万一〇〇〇平方メートル。

職員数■従業員約三百名。グループ会社も含めた総従業員約六百名。

操業開始年■一九七二（昭和四十七）年六月。

年間生産量■大瓶《びん》換算約六・四億本（二〇〇二［平成十四］年実績）。

そのほか■ISO9002・ISO14001認証取得。一九九七（平成九）年十一月に廃棄物再資源化一〇〇パーセントを達成。

■語り手■

益山嘉章　アサヒビール福島工場エンジニアリング部技長。愛知工業大学工学部卒。一九八九（平成元）年入社。吹田、西宮、本社のエンジニアリング部を経て、二〇〇三（平成十五）年十二月現在、四国工場製造部課長。本社時代から環境関連の業務を行っている。本社時代には、「茨城工場再資源化一〇〇パーセント」の本社窓口を担当。

小林　徹　一九四四（昭和十九）年四月七日福島県生まれ。福島工場総務部課長。北会津郡北会津村出身。現在は三春から通っている。一九六三（昭和三十八）年入社。はじめは東京支店勤務。

熊田怜子　一九八二（昭和五十七）年三月二十日生まれ。

大和田恵子　一九七五（昭和五十）年一月二十三日生まれ。郡山市出身。

福島工場のゴミも　ほかの工場同様徹底的に分別されている

四章　抜き打ち見学？

――吹田工場

名神高速道路を吹田ＩＣでおりて二十分ほど走ると、ＪＲ吹田駅前の商店街に入る。

商店街を抜けるとすぐ、駅の隣にアサヒビール吹田工場が見えてくる。

全国に散らばるアサヒビールのほかの工場は、まわりに住宅や商店街のない、いわゆる工業団地内にあるものが多い。

しかし吹田工場は、町なかの住宅街のどまんなかに立地している。アサヒビール発祥の地としての歴史を持つ工場ならではの趣《おもむき》だ。

一八八九（明治二十二）年、有限会社大阪麦酒会社が設立され、二年後の一八九一（明治二十四）年に吹田工場が操業を開始した。百年以上の歴史を持つ工場だ。ゲストハウスの入り口にのこっている、竣工当時の赤レンガの壁面が、当時を偲ばせる。

今ものこる赤レンガの壁面

昔のポスター

見学は予約制

ゲストハウスの駐車場に車を停める。

『緑と地球に優しく、生垣を守るため前進で駐車願います』

こう書かれた看板が目に入る。まわりを見渡してみると、工場内に緑がとても多いことに気づく。木の一本一本に「クスノキ」「ハナミズキ」と名前が書いてある。これらの植樹の一部は、吹田市などの助成金を受けて植えられたものだ。

関　加奈子

アポなし取材——一般の見学客を装って工場内を〝探索〟する。ともすると、この手の〝企業内幕ルポ〟は、対象企業がお膳立してくれる準備にまるまる乗っかって、企業べったりの〝おべんちゃら企画〟になるか、さもなければ、企業の言い分にあまり耳をかたむけない〝告発物〟になることが多い。ルポ・ライターとしてのプライドをかけて〝中道ルポ〟を書くことを、この取材が始まった二〇〇〇（平成十二）年当初から志していたので、吹田工場だけでなく、あちらこちらの工場で、かなりの頻度、この手の〝おしのび取材〟を敢行した。

受付で見学の申しこみ。ここではじめて、工場見学には事前の予約がいることを知る。

「どちらからお越しですか？　東京ですか。随分、ご遠方ですね……少々、お待ちください」

と、笑顔で案内係の関　加奈子（当時二十五歳）。受付の奥に入って数分。すぐに出てきて、

「今回は、特別にご案内させていただきます。次回からは、ご予約くださいませ」

終始、にこやか、かつテキパキとした応対。感じがいい。

ビールに使う水の話

予約なし見学の始まり。

まず、関案内係は、吹田工場の概要を説明する。

一八九一（明治二十四）年操業開始。アサヒビール発祥の地として、百年以上の歴史を持つ。およそ二百五十名の従業員がいて、関連会社も含めると六百名以上がこの工場ではたらいているという。ビールはスーパードライ、黒生、スタウト、レーベンブロイなどを製造している。

つづいて、アサヒビールの概要を説明したビデオを見たあと工場見学へと進む。

「見学は土日も行っていて、一日に二百〜三百名ぐらい見学に来られています。多いときで六百人いらっしゃったこともあります」

この見学コースは二年まえにできた。通常の見学コースを案内してもらう。

見学者に、「ビールの水は、どんな水を使っているの？」とよく尋ねられる。ビールに使用する水は、以前は、わき水を使っていたが、現在は水道水を使用している。

「わき水では生産が追いつかなくなったんです。それに、地下水の汲みあげによる地盤沈下も懸念してのことです」

製造ラインの案内がひととおり終ると、ゲストハウスへ。その途中にエスカレーターがあ

ビール缶が並べられたドーム型の見学路

世界各国のビール缶が集められている

る。鍵を差しこまないと動かないようになっていて、省エネが徹底されている。

　エスカレーターをあがり切ると、両側にビール缶がずらりと並べられたドーム型の見学路がつづく。アサヒビール、国内他社メーカーはもとより、世界各国のビール缶が集められている。その数五六六三本。

「缶コレクターの方から寄贈していただいたもので、見学者の方にとても評判がいいんです」

　缶のディスプレイを抜けると、「アサヒビールの環境活動への取り組み」のコーナー。

　吹田工場は、環境に関係する数々の賞を受賞している。一九九八（平成十）年「二十一世紀型新エネルギー等表彰　新エネルギー財団会長賞」（新エネルギー財団）、「みどりの景観賞大阪府知事賞」（大阪府、大阪府建築士会）などだ。

環境活動のコーナーにつづいて、「アサヒビールの歴史」を通り抜けると、ゲストハウスへもどる。そこで二十分間の、生ビール試飲タイム。

ボランティア清掃日

その日はちょうど、年に二回のボランティア清掃日だった。食事をしながらビールを飲んでいる人たちが大勢いる。

「関連会社を含めた社員たちです。今朝十時～十一時まで、工場周辺や町内のゴミ拾いを終えて懇親会をしているところですね」

と関案内係。

そういえば、今朝、吹田工場へ向かう道中、周辺の道路脇のゴミを拾って歩いている人たちをおおぜい見かけたのを思い出す。年齢層はバラバラだったが、女性が多かった。

環境美化活動の一環として行っているこのボランティア清掃、今回の参加者は百五十四人。ちなみに前回は八十人程度だったという。アサヒビールをはじめ、アサヒカーゴサービス大阪、ダイキンプラント、住友商事、アサヒビール薬品（現アサヒフードアンドヘルスケ

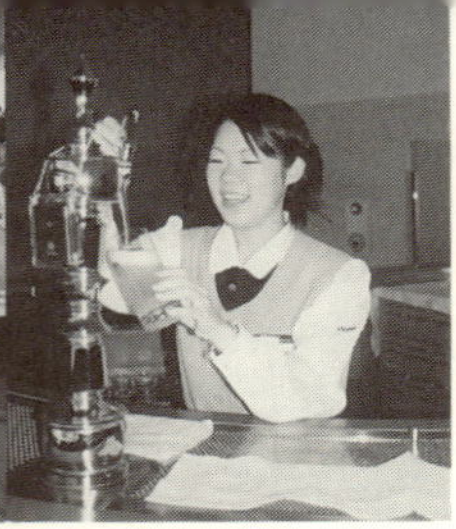

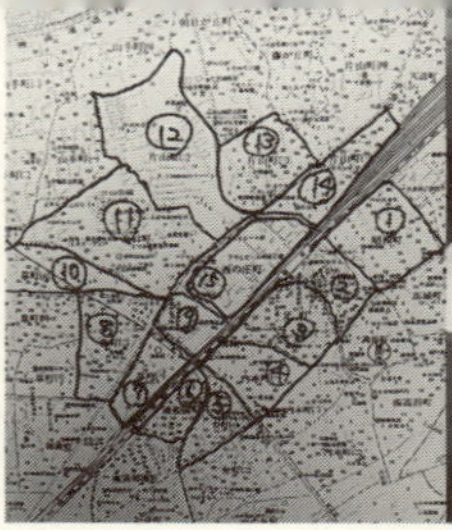

工場見学のあと　おいしい生ビールを案内嬢みずからサービスしてくれる

ボランティアのゴミ拾いのあとの親睦会（写真中）　工場のなかだけでなく周辺の町中も分担地域をきめてゴミ拾いする（写真左）

ア株式会社）などの協力企業からも多数参加している。ＯＢの人たちも多い。

ゲストハウスで二十分間、できたてのおいしいスーパードライの生をたらふくご馳走になり、関案内係に礼を言って外に出ると、清掃活動担当者の総務部の松田泰宏（当時五十七歳）の姿があった（二〇〇四［平成十六］年春現在、すでに定年退職）。ボランティアの人たちが、ゴミ拾いを終えてゲストハウスで和気藹々の親睦会の最中にも、あとにのこって、さらなるゴミの分別や仕分けミスのチェックをもくもくと行っている最中だった。松田は声をかけると、にこやかに応対してくれる。こちらの質問に答えて、張り紙をまえに丁寧に、この日のゴミ掃除の人員配置、拾った場所、集まったゴミの量などを教えてくれる。

「さっき、ゲストハウスでみなさん、ジョッキ片手にずいぶん、もりあがっていらっしゃったけど、なかには、あそこで一杯やるのが目的で参加している人もいるんじゃないですか？」

というこちらの意地悪な質問に、ちょっと気色ばんで、

「いや、そんなことはありません。もちろん、みんな、あとの懇親会を楽しみにしていますが、ちゃんと、ゴミを拾いにきてくれているんです。工場の外周道路のゴミを、みなさん、一生懸命、拾ってくれるんです。ここだけじゃなく、ほかの工場でもおなじようなことをやってますが、みんな、自発的にやってます」

……松田泰宏、生真面目な人なのである。

〝抜き打ち見学〟の吹田工場。そこで目にしたアサヒコミュニケーションズをはじめ、アサヒビール関連企業の人たちの明るくて誠実な姿はとても印象的だった。イヤイヤではなく、楽しみながらゴミ拾いをする様子には、「ゴミ拾い＝汚くて地味な仕事」といった従来のイメージはまったく感じられない。緑が多くてゴミがない、地域と密着した吹田工場を肌で感じた訪問だった。この〝抜き打ち見学〟をやったことで、アサヒビールの環境対策は、つけ焼き刃ではないことを確信した。

（一九九九〔平成十一〕年十月三十日取材）

松田泰宏

■吹田工場データ■

所在地■大阪府吹田市。

敷地面積■一四万六〇〇〇平方メートル。

職員数■従業員約二百五十名。グループ会社も含めた総従業員約五百五十名。

操業開始年■一八九一（明治二十四）年十月。

年間生産量■大瓶《びん》換算約六・五億本（二〇〇二〔平成十四〕年実績）。

■語り手■

関　加奈子　一九七四（昭和四十九）年五月十二日生まれ。工場見学案内役。アサヒビールコミュニケーションズ社員。二〇〇四年一月末退職予定。

松田泰宏　総務部。現在は定年退職。

昔の吹田工場の内部

昔の吹田工場（模型）

五章　排水は人が飲める水準に
——四国工場

瀬戸内海に面した町、愛媛県西条市。

海岸沿いの工業団地の敷地内には、年季の入った煙突を天にのばした工場や、きれいに整備された公園がある。

工場群のなかでひときわ新しい建物が目を引く。

一九九八（平成十）年六月に稼働を開始したアサヒビール九番目の工場、四国工場である。それまで、四国にはビール工場はひとつもなかった。ビー↘

↘ル会社、初の四国進出である。

四国の人口は四百数十万人。地元のビール会社という意識が徐々に浸透し、四国におけるアサヒビールの

＊

高橋は工場のすみずみまで案内してくれた

売上は年々伸びていて、四国全体でのシェアは全国平均よりも高いという。

「その意味でも、四国に必要とされていた工場でした」

と四国工場エンジニアリング部長（一九九九〔平成十一〕年当時）の高橋勝俊は、誇らしげに語る。

アサヒビール園伊予西条を併設したこの工場は、職員数九十人（事務含む）とほかのアサヒビールの工場にくらべて規模は小さい。しかし、四国各県をはじめ、近県の人びとに親しまれており、年間約十二万人が工場見学やビール園の客として訪れている。

高橋は「関係者以外立入禁止」のマル秘設備が設置してある場所のすみずみまで案内してくれながら、〝四国工場の秘密〟を明かす。

〝人のぬくもり〟をのこしかつ自然と調和した最新鋭工場

四国工場のコンセプトは、「地球環境を考えた、クリーンでコンパクトな二十一世紀型最新鋭工場」。

完全なコンピューター管理で……（原動コントロール・ルーム）＊

瀬戸内海に面しているという立地条件を鑑みて、環境保全、循環型の生産工程のモデルとしてつくられた。排水の規制、工場から出る廃棄物の一〇〇パーセント再資源化、ノンフロン機器を採用した省エネ・システムなど、さまざまな技術が駆使されている。

ビールづくりにおいても、最新鋭機器をベースにした信頼性の高い無菌ビール製造システムを取り入れている。

「新鮮で高品質のビールをつくるため、コンピューターを駆使して工程制御、監視、情報管理を融合した品質保証システムをつくりあげました」

コントロール・ルームで日々の製造のデータを吸いあげ、コンピューターで処理する。しかし、コンピューター化された品質管理も、やはり人間による官能検査は不可欠だ。

四国工場は最新鋭の設備を誇る＊

アンモニア吸収式冷凍機＊

「最終的には官能の世界ですね。つくっているのはビールなんですから、〝飲んでおいしいかどうか〟の世界。〝測定値〟できめるわけではありません。そのあたりの〝人のぬくもり〟はのこした工程になっています」

――人のぬくもりを感じられるビールを。

高橋はいつも心に、こう言い聞かせている。

たしかに最新鋭の設備を持った工場だが、随所に「人間味」を感じさせるものがある。

併設のビアホールでできたてのビールを飲みながら外を眺めると、工場内や周辺の美しい緑が目に入ってくる。

ビアホールのなかに立っているふとい丸太（写真右）　ところどころの壁にはしゃれた壁画が……（写真左）

工場周辺のごみ拾いや、脇を流れる御舟川《みふねがわ》の清掃も市と共同で行う。

「人と自然が調和した最新鋭工場にしたい」という意識がひしひしと伝わってくる。

「この工場には、建設当時、副社長だった技術屋の薄葉　久の理想と情熱がこもっているんです。ビアホールのなかに立っているふとい丸太を広島にある当社の林業所（『あとがき対談』一六四ページ参照）から、わざわざ運ばせたり、壁のところどころに古代のビールづくりを描いたしゃれた壁画を描かせたり、薄葉のセンスは、この工場のあちこちに生きています」

環境に対する配慮では群を抜く

工業団地には数々の工場が並んでいる。そのなかでも、アサヒビール四国工場は環境に対する配慮という点で群を抜く。

「ここにビアホールができると言ったら、まわりのほかの工場もずいぶん環境に配慮してくださいました。食べ物を扱うというので」

既存の工場に課される規制と、新規にやってきた工場の規制は大きく異なる。

たとえば、煙突から出すばい塵の量。これには、「この地区で出していいばい塵はこれだけ」という日本独特の制度「総量の規制」がある。既存の工場がたくさんばい塵を出していると、新規の工場はのこりの量のうちで収めなければならない。

近代的な工場のエントツからは　黒い煙など出ていない

「だから遅参企業への規制がきびしくなる。それは困るからといって、じゃ以前から操業している中小企業の工場に規制をきびしくすると今度はそこがやっていけなくなる。なかなか問題解決はむずかしいんです」

水について

四国工場の自慢のひとつに嫌気性排水処理という排水処理方法がある。

排水処理場でその工程を見学した際、数匹のヒメダカが泳いでいる水槽を見つけた。

「通称〝水質オブザーバー〟です。浄水場にはコイを入れて水質を管理しています」

毒物が入っていないことを確認して、きれいな水を川へ流す。

「排水はすべて、人が飲めるような水にしています。けど、ゼロ・エミッションとは、ちょっとちがうんです。いくらきれいな水にしても、ビールの原料としては使えません。その水さえ使えれば、入ってきたものを全部使うことになって……それが、ゼロ・エミッションですね」

……でも、飲み物はイメージ商品だ。いくら浄化しても、消費者にイヤなイメージを与えてしまう恐れがある以上、リサイクルの水は使えない。

「しかし、水不足の二十一世紀はそうも言ってられないかもしれないのでは？」

という問いに、高橋は視点をずらして答える。

「現に、うちで処理した排水は、東京や大阪の水道水よりも、においもなくてきれいだと思います。排水にかぎらず、たとえばヨーロッパでは太陽光発電した電気など、多少値段が高くても消費者が買ってくれるでしょ。でも日本ではわざわざ高い電気をだれも買わないですよ、現時点ではね」

二十一世紀はかならず水不足が深刻になってくる。水を大量に使う企業には当然バッシングが浴びせられ、規制もきびしくなるだろう。

「そういう意味では、うちは知らず知らずのうちにその技術を蓄積しているかもしれません。ノンフロンにしても、将来的には法律で全面規制の方向へ向かうでしょうが、『明日からフロンを使ってはいけない』と言われても、うちはそれに対応できる手立てを持っていますから」

にぎわうビール園

高橋は、話し方によっては自慢話に聞こえることを、アサヒビール園伊予西條のビアホールで、できたてのスーパードライ生とうまい料理をおごってくれながら、技術屋らしい淡泊さで、嫌みなく、たんたんと言ってのけた。

（一九九九［平成十一］年十一月一日取材）

■四国工場データ■

所在地■愛媛県西条市。
敷地面積■七万六〇〇〇平方メートル。
職員数■従業員約百名。グループ会社も含めた総従業員約二百五十名。
操業開始年■一九九八（平成十）年六月。
年間生産量■大瓶《びん》換算一・七億本（二〇〇二［平成十四］年度実績）。

■語り手■

高橋勝俊　経歴、一章「語り手」参照。取材当時は、四国工場エンジニアリング部長（二〇〇三［平成十五］年十二月現在、四国工場エンジニアリング部は、パッケージング部、醸造部と統合され「製造部」と名称変更。現製造部長は三澤博之）。

六章　敷地内の古墳を大切に守る
――博多工場

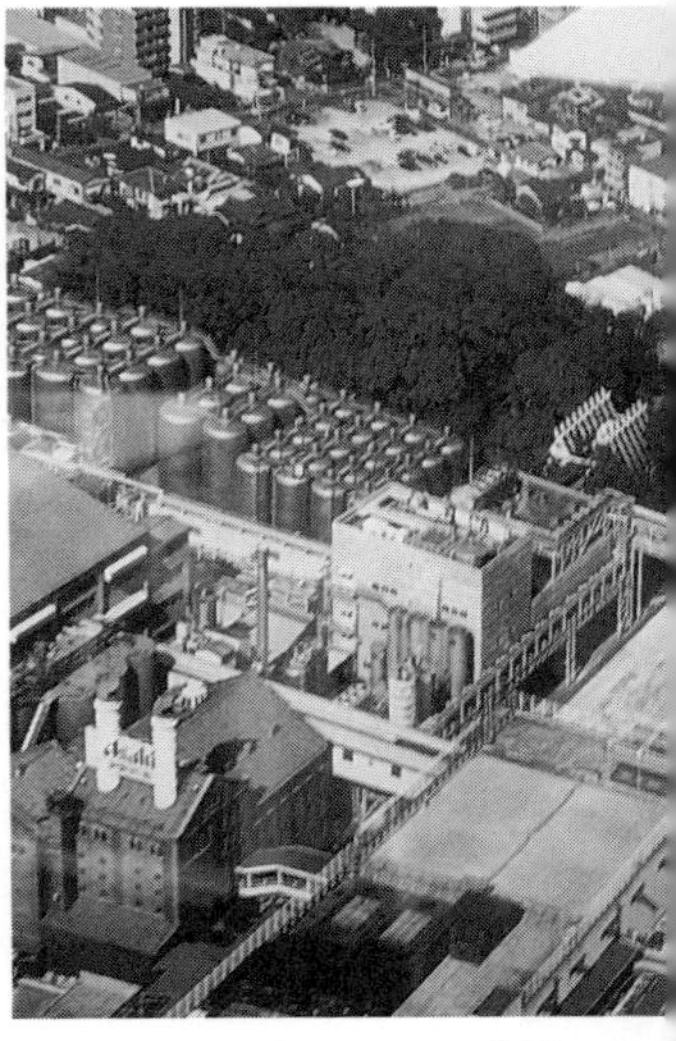
工場内の雑木林のなかに古墳がある

博多の繁華街、中洲天神から車で十五分足らずの場所にアサヒビール博多工場がある。

最寄り駅は、ＪＲ鹿児島本線の竹下駅。博多駅の隣の駅である。駅前には商店街が広がる。居酒屋などの飲食店には一〇〇パーセント、アサヒビールが置いてある。

「駅から工場まで、朝は五分で着く。でも帰りは工場から駅まで三、四時間（笑）」

工場の社員は、飲むときはだいたい竹下の商店街。

「それでも商店街の人からは『飲む量が足りないよ』と言われるんですよ（笑）」

工場敷地の奥に、小高く盛りあがった雑木林が見える。

「あれ、実は古墳なんです」

東光寺剣塚古墳と呼ばれている古墳だ。江戸時代の黒田藩の学者である貝原益軒が記した書物にも出てくる、福岡平野最大級の前方後円墳だ。墳丘の長さ七十五メートル、前方部幅五十九メートル、後円部直径四十六メートル、高さはどちらも五・五メートル。六世紀半ばにつくられたとされている。

古墳の案内役は、博多工場エンジニアリング部長の川村公人。

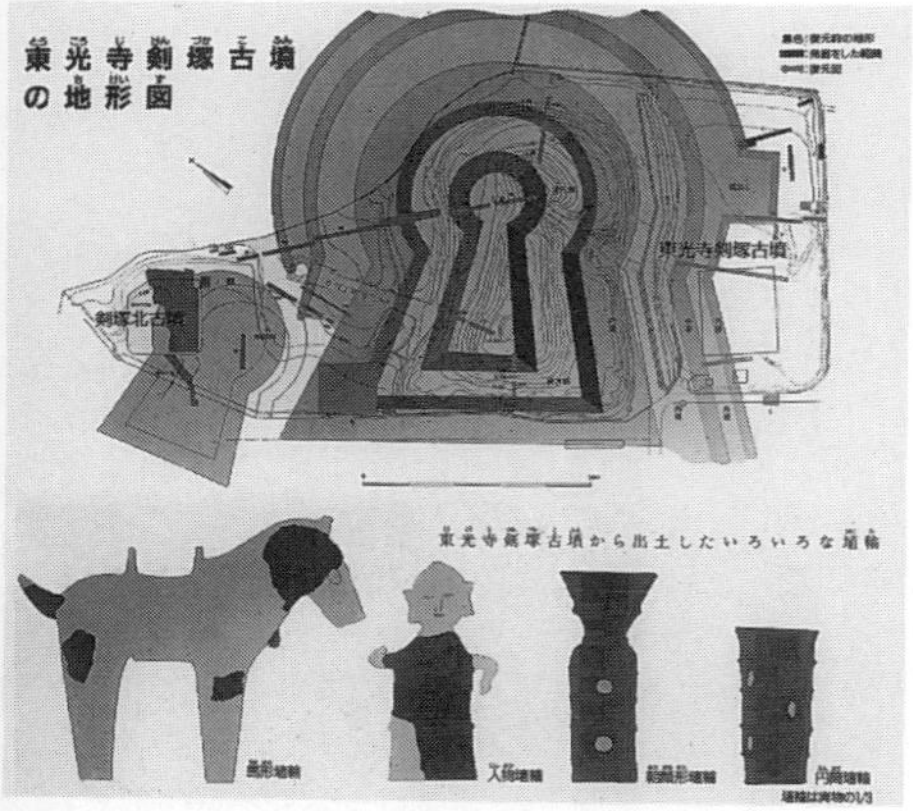

博多工場内にこんなこんもりと茂った雑木林があって（写真上）　そのなかに古墳がある　古墳入口（写真下）

古墳の縁で現社長の池田弘一はアサヒビールに入社

まず、とっておきの秘話。

「アサヒビール博多工場の古墳は、わたしがビール会社に入ったきっかけのひとつだったんです。わたしは九州大学経済学部の出身（一九六三〔昭和三十八〕年卒）なんですけども、わたしの学生時代は非常にビールが高い飲み物で、学生にはとても飲めない代物だったんですね。ですから、先輩に飲み屋につれていかれるときか、よほどなにかのチャンスがなければ飲めなかったんですけども、たまたま森先生とおっしゃる考古学を教えている先生のゼミナールで、どうやら年に一回、ビール飲み放題の催しをしている、という話を聞きつけましてね、これを逃す手はない、と友だちと何人かで――当時はわたしの大学では、ちがう学部の講義も聴講できたんですが――それに参加しようとした。『ゼミナール、今度いつあるんだ？』とそのゼミの受講生に聞くと、『あれはビールの飲み会じゃないんだ、アサヒビールの古墳を見学にいった帰りに、たまたまごちそうになれるんだ』と。『じゃ、それにつれていってくれ』、ということで、行った先が博多工場だった」

池田弘一社長は、温和な笑顔を浮かべながら回想する。

「今、あの古墳は非常にきっちりと管理されていますが、当時からまわりを森にかこまれたおしゃれな公園のなかに、あのような状態で保存されていたんですか？」

「ああいう感じですけども、まわりは、もっと素朴な設備でしたね。たとえば今、そばにある迎賓館は鉄筋コンクリートづくりですけども、当時は木造でした。今はまわりもきれいに整備していますけども、普通のこんもりとした小山という感じで、そのそばに小屋があって、桜があるという感じ……整備されていたのは、まわりの芝生のところだけでした」

川村公人

「古墳の入り口も今はきれいになって鍵がかかっていますね」

「当時の事務所には出土品も飾っていましたね、見学コースではなかったんですけども。わたしはぜんぜんそういうものに興味がなかったんですが、まあ、すごいなあ、と思って見ていました。そして、見学のあと、まちがいなくビールはたらふく飲めましたからね……そのあと、二回くらい、飲み会つき古墳見学につきあいました（笑）。そして、こう考えた。ビール会社に入ったら、出世はしなくても、ビールだけは好きなだけ飲めるな、と。それで、この会社に入った（笑）」

「好きなビールが飲めるから」という〝入社志望〟は池田社長だけではない。

古墳を案内してくれた川村公人も、こんなふうに言う。

エンジニアとして長年はたらいてきた川村だが、もともと学生時代は銀行への就職を希望していた。

「銀行の試験に落ちて、大学の推薦を受けることになって。アサヒ、キリン、サッポロ、サントリーと、だれも希望者がいなくて空いてたんです（笑）」

就職活動の前年、ちょうどスーパードライに切り替えるまえの年に、川村はアサヒビール西宮工場を見学に行った。

「企業研究なんかはまったくやらなかったから、その見学のときに飲んだビールがすごくうまかったことだけよく覚えてました。社内の状況がわるいとかシェアが低いとかまったく気にせず、うまいからアサヒにいく！　と」

そのときは、その後のアサヒビールの快進撃など「考えもしなかった」という。

会社側からは、「きみたちはいいときに入社した。今はちょうどどん底で、これからよくなるところだから」と言われた。

「入れるのはタヌキとイタチと、スズメ、カラスだけ」

さて、肝心の古墳の話。

後円部には遺体を埋葬した石室がのこっている。一九八八（昭和六十三）年から翌年にかけて行われた発掘調査で、石棺や、刀、鏃、勾玉などの副葬品が出土した。

一九八八（昭和六十三）年から二〇〇〇（平成十二）年にかけての増能力工事の際には工

古墳入口

古墳内部

場内の古墳以外の場所からも古代の人骨などが出てきた。もろもろの工事を行う際には、福岡市の教育委員会埋蔵文化財課との事前協議を持たなければならなくなった。

　出土した人骨は、無縁仏として祀ってある。また土器などのほとんどの出土品は、今は市の博物館にある。

　墳丘のまわりを歩いてみる。

　木々の静かな緑と、〝古墳〟というはるか古代の人間の営みをまえに、自然と落ち着いた気分になる。

「朝はスズメの鳴き声とか、さわやかでいいですよ。古墳のそばに旭神社というのがあっ

旭神社の入り口にある鳥居

て、わたしは毎朝お参りにいくんです」

古墳の現場を案内しながらこう語る川村をはじめ、パッケージング部長の西田、アサヒビール・エンジニアリング博多営業所長の中村らも毎朝、旭神社や観音さま、無縁仏などへのお参りを欠かさない。

旭神社は全国のほかの工場にもある。ここ博多工場の旭神社の入り口にある鳥居は一九二一（大正十）年八月につくられたもので、かなり年季が入っている。

「ビールというのは二〇〇〇年以上の歴史を持っており、多くのパラメーターがあります。いくら人類の英知が進もうとも、根本的には自然の酵母がつくってくれていることにかわりはないんです。だから自然に対して〝よろしくお願いします〟という気持ちもありますね」

古墳内部は一般開放されていない。

「入れるのはタヌキとイタチと、スズメ、カラスだけです（笑）」

一九八八（昭和六十三）年の発掘調査時には、現在の変電所と東光寺剣塚古墳のあいだから、あらたにもうひとつ前方後円墳が発見された。こちらは剣塚北古墳と呼ばれ、墳丘や主体部はのこっていない。

古墳を含めた敷地を一括購入して工場建設

博多工場の操業開始は一九二一（大正十）年。工場建設のときには、すでに東光寺剣塚古墳の存在は知られていた。古墳を含めた敷地を一括して購入し、古墳は保存してきた。当時、毎月二回、古墳に白ごはんなどをお供えする行事を敬けんに行っていた。「工場の緑地化」の一環という意味あいもあり、管理に必要な予算を確保している。

「古墳にはできるだけ手を加えないで、自然の状態でのこしています。出土品の埴輪などの一部は、見学者用に展示もしています。年はじめにはお祓《はら》いもしています」

毎年一月十八日、「観世音祭」というお祓《はら》いの行事を行う。お坊さんに来てもらい、古墳内に入ってお経をあげる。工場からは課長クラス以上の十四、五名が参加している。

「普通、こういうのは神主さんがやるんでしょうけど、ここではお坊さん。おもしろいでしょう。ここの旭神社は太宰府天満宮の系統で、そのそばには観音さまが安置されている。そして、東光寺のお坊さんが来られたら、手をたたいて拝んで、鐘も鳴らします。神様と仏様が一緒に鎮座されていますので」

そう言って笑う川村は、熊本で生まれ育った。

「ずっと自然のなかで育ちました。子どものころ、たとえば岩から落ちてケガしたやつがいたら、『この岩にはなにかあるんじゃないか』と思って近づかなかったりと、自然に対する畏《おそ》れという思いは育まれました。古墳に対してもおなじですね」

博多工場の環境保全への取り組み

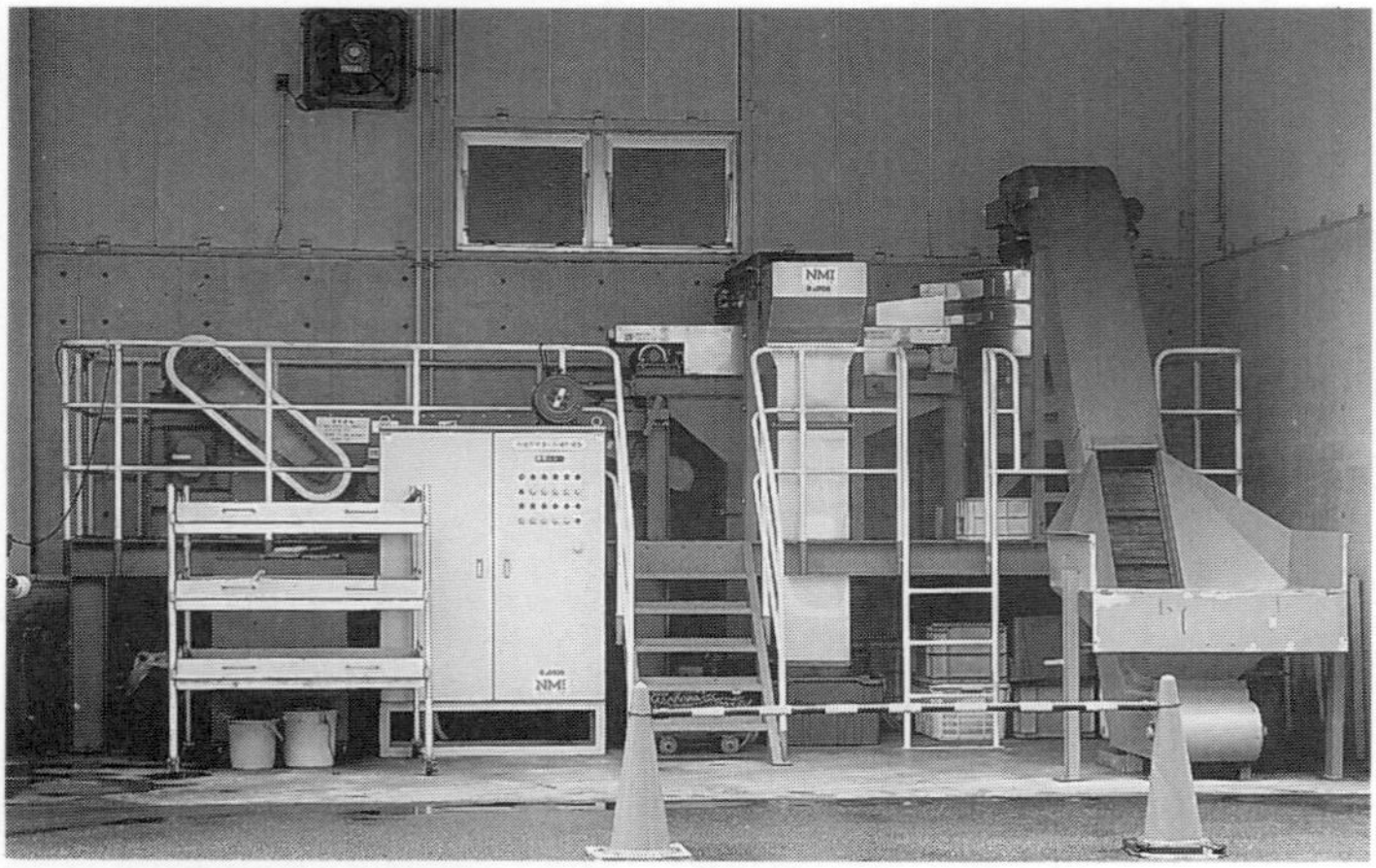

博多工場の自動分別装置

このように、古墳を大切にしているユニークな博多工場の環境保全への取り組みには、なにか特別な方式があるのか。

「どの工場もトップ・ランナー方式。つまり、ほかの工場でうまくいった事例にならって、システムを導入していっているので、とくに真新しいものはないんですが……」

環境への取り組みは、基本的にISO14001の規定事項が要求することに対応していくものなので、すべての工場でおおむねおなじようなシステムになるという。

「たとえば、リサイクル業者に関する情報を工場間でやりとりをして共有しています。ただ、ゴミの自動分別装置を使っているのはうちの工場だけですね。ガラスくずや、紙、プラスチ

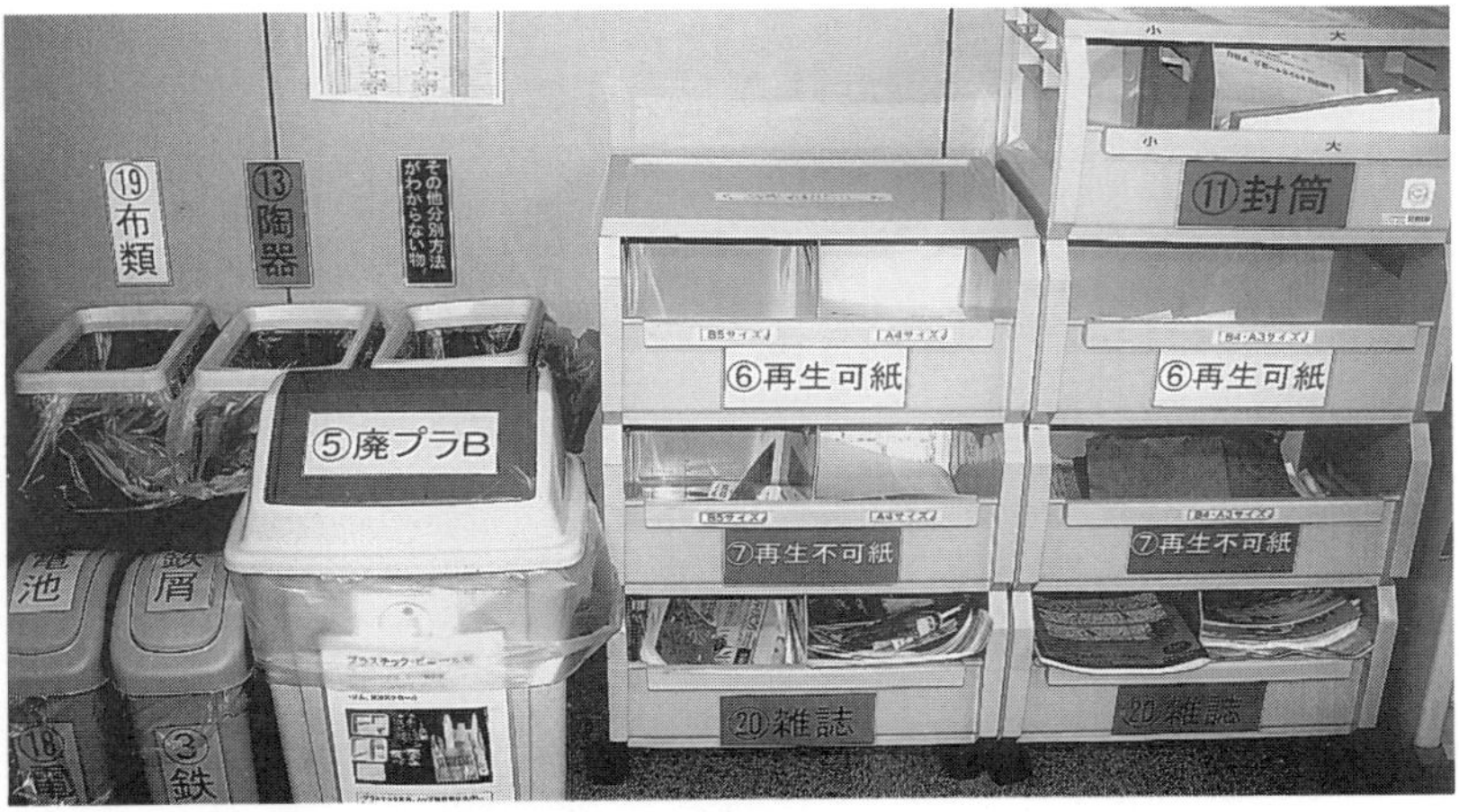

工場だけでなく事務所内のゴミ分別も徹底している

ックを機械で自動選別する機械」

自動分別装置を導入したのは四年まえ。

「いわゆる〝3K職場〟の軽減がおもな目的だったんです」

と川村。

「どの工場でも『ゴミの分別、再資源化は最後の一、二パーセントが大変だ』と、みなさん口をそろえておっしゃってますが……」

「そうですね。一番最後は石ころ。掃除機で吸いこんだゴミを分けると石ころが出てくる。麦芽のなかからも選別しますし……さて、どこへ持っていけばいいものか、と」

掃除機のなかのゴミまで分別する徹底ぶりだ。ちなみに小石は、鋪装されていない古墳のところへ持って行くとのこと。

博多工場では毎月一回〝クリーン・デイ〟を設けて、工場内の機械整備や、構内の清掃、一周三キロメートルほどある工場周辺のゴミ拾いをしてまわっている。周囲で集まるゴミは、たばこの吸い殻、空き缶、お菓子の袋などが多い。クリーン・デイは工場での製造は全面ストップ。スタッフ全員で掃除、殺菌、メンテナンスを一日かけて行う。洗浄に使用する洗剤は、基本的に苛性ソーダ。それ以外の薬液も、工場の排水処理場で分解できるものを使う。下水に流すのは家庭排水レベルの物質のみ。

「当然、下水道の基準にあわせて排水していますから」

スタッフには制服がひとり二、三着支給されているが、ズボンは夏冬兼用で、上着は夏用と冬用の二種類。クリーニングは工場からまとめて出している。クリーニングは環境にはよくないのでは？　と尋ねる。

「有機溶媒を用いないクリーニングで、基本的には水洗いです。汗や有機物の汚れなので、水溶性の成分が多く、それで十分落ちます」

……とにかく、徹底している。アサヒビールの環境対策は、つけ焼き刃ではない。

分別の取り組みにより、スタッフのゴミに対する意識は高められた。職場を離れたそれぞれの日常生活においても、ゴミに対して敏感になったという。

「家に帰っても分別の気持ちはあります。ただ、全国的に見ると、地域によって意識にばらつきがあるのも事実です」

福岡市の場合は、燃えるゴミ、燃えないゴミ、ペットボトルの三種類を、指定の袋に入れて出す。

工場内で数十種類に細かく分別し、リサイクルすることに慣れている人から見れば、「これとこれを一緒に出していいのだろうか……」と感じることもあるという。

早くから環境対策に取り組みはじめたアサヒビールの各工場。当初は「周囲の工場の取り組みや進み具合が気になってしょうがなかった」という状況もあった。

「はじめのころはいろいろな企業から見学に来られて、参考にしていただきました。そうした取り組みが広がるのはいいことだな、と思っていましたよ。今は各企業それぞれが自信を持ってやっていますから、各社とも自分のフィールドでベストを尽くしているという、いいかたちだと思います」

西宮工場のトンボ池のことなど——蛇足雑談

不肖二葉幾久、なぜ、このアサヒビールの取材の仕事を引き受けたか?

池田社長ではないが、ずばり、各工場の取材のあと、ゲスト・ルームでできたてのスーパードライ生を好きなだけご馳走になれるからである。ほんと、工場のできたてのビールは、おいしいんだから!

西宮工場のトンボ池＊

ここ博多工場でも、ゲスト・ルームの個室で、見学客に出されるかわき物をつまみながら、ささやかな宴《うたげ》が始まる。雑談に花が咲く。

アジア諸国からの見学客もいるとのこと——日本のなかでも九州はアジア諸国にもっとも近いエリアであり、まえからそうしたアジアの国々からの観光客は多い。とくに福岡は、アジアの玄関口として、空港の整備などを進めている関係上、多くの観光客が訪れている。また、最近は、ゴミゼロの関係で外国の企業などの訪問も多く、日韓産業技術協力財団とともに、財団法人北九州国際技術協力協会が主催する環境先進技術研修のカリキュラムに、博多工場の見学が組みこまれている。

……こんな話から始まり、西宮工場のトンボ池の話題になる。トンボ池は、アサヒビールの環境対策の〝原点〟あるいは、シンボルである。いろんな環境保全活動が本格的に始まるまえに、西宮工場では、原生動物保護のために、一九九四（平成六）年にトンボ池を工場の一角につくった。そこではヤゴが羽化し、カワバタモロコ、クロメダカなどが泳いでいる。

川村は西宮工場でも環境の担当をしていた。

「西宮では、トンボ池をベースにして、市の教育委員会と連携してNPO活動をしたり、アース・ウォッチングをやったりしました。初代管理担当者が四国工場の岡山さんで、わたしは二代目です。『味気ないステンレスの塊の工場内に、社員が憩える場所をつくろう』というのが、もともとの発想だったと聞いています。トンボや蛍がすめる人工の池をつくろうと。わたしが担当したのは二〇〇〇（平成十二）年ごろです。ビールの売れ行きが伸びてきていたので、もともとあったトンボ池から、第二トンボ池に移さなければいけなくなりまして。そのときにはトンボ池のまわりだけは掃除もしなかったんです。できるだけ落ち葉を積んで虫を増やすために。国道二号線のすぐそばなんですが、まわりに落葉樹を植えたので、トンボ池に来るとかなり静かでした」

夏になると池のまわりでは子どもたちが遊び、親はビールを飲んで見学。アース・ウォッチングとは、NPO団体である「こども環境活動支援協会」と一緒に取り組んだ、トンボ池での活動をはじめとする、子どもたちの環境支援活動のこと。

「ここ博多ではそうしたものはとくに設けていませんが。茨城工場にある池は、トンボ池の

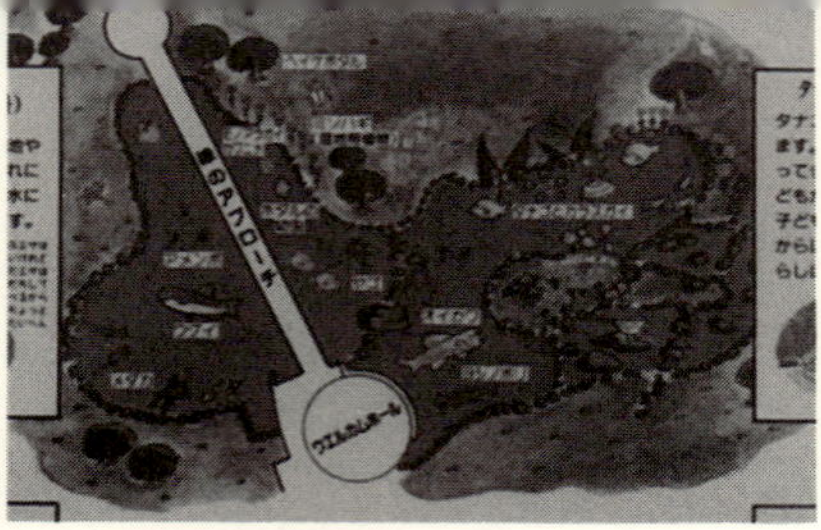

茨城工場の池の看板

発想で、蛍を飛ばそうとしたんです。神奈川工場の池では今年、蛍が飛ぶ予定です」

西宮ではじまったトンボ池の発想は、各地の工場で生きている。

川村が述懐する。

業績がわるく、会社も大変だったなかで、いろいろなことをやらせてもらえた。

「どん底でしたが、前例がないからこそ、チャレンジしてみよう、と」

しかし、入社した年にスーパードライが発売され、そこからアサヒビールの快進撃がはじまる。

「あとはもう、はたらけ、はたらけ、ですよ（笑）」

企業三十年周期説というのがある。企業は三十年周期で浮き沈みするという説である。ここしばらくはアサヒビールの好調ばかりが目立っている。

「それでもずっと危機感はありました」

その危機感から、最新型の神奈川工場は生まれた。

「新しい工場をつくるときは、ただつくるのではなく、そのなかに新しい技術を取り入れたい。よそでうまくいってることだけを集めてきて満足しちゃだめ。うちの博多工場でもカラーを出して、ほかに勝てることをやっていく気構えでないと」

ここで超多忙の工場長、秀島教文（当時五十二歳）が会議を終えて宴《うたげ》に加わる。

秀島は、ビールが発売され、調子が上向くと、今度は生産が間にあわなくなったころの思

秀島教文

い出話をする。一九八六（昭和六十一）年、福島工場では新しい設備を取り入れてビール生産能力を増したころのことである。

「当時われわれはまだ三十代でしたが、『若いものにもまかせるから、やってみろ』と、いろんなことをやらせてもらいました。まわりからは『あんなやつらにまかせて大丈夫か』と心配されていましたが」

工場増設は設計から工事完了まで二年がかりで行うのが普通だが、博多工場の場合は九か月で終えた。建設業者や施工業者もこれまでの系列にこだわらず、新しいところをどんどん採用した。営業もさまざまな努力をした。

「名古屋にいるときなんか、当時は製造が少ないので、とりあえず周辺の酒屋さんに手伝いに行くんです。自販機の掃除やお中元の配達などを手伝って。キリンビールを運ぶこともあるんですよ（笑）。でもとにかく『よくやってくれたから、ひとケースくらい置いてやるよ』となるわけです」

秀島の話に熱が入る。

「わたしが入社当初受けた研修では、四ッ谷の酒屋さんに実習に行ったんですが、『ケース運んでいてもしょうがないから、夕方から飲み屋さんに行って手伝ってこい。そこでお客さんからじかに話を聞いてこい』と。とにかく、実際の消費者の方がどういうものを飲んで、どういう楽しみ方をしているか、じかに見て感じとらなきゃだめだ、と。それで、結婚しても、ビールだけはコンビニや酒屋さんに行くなりして、自分で買ってお客さんの観察をするようにしています」

「売るのは営業の仕事」とせず、工場側も「自分たちのビールを売ろう」というおなじ気持ちを持てたのがよかった。

「三十五、六のころかな、ひとりで酒屋さんで店頭販売をさせてもらったこともありました。帰りにお店の人が『いやぁ、今日はありがとう』とパンをふたつ持ってきてくれたのを今でも覚えてますよ。クリームパンとメロンパン（笑）」

営業は、お客さまがどういう状態で飲んでいるかを知ることからはじまる。

「われわれ技術者もおなじです。たとえば新しい工場をつくるときは、現場の人たちのことをよく知らないといけない。ですから、生産過程で実際に作業をする人間を、設計の段階で引きあげて一緒にやらないといけない。自分で設備を使う人間が設計をするといいものができるんですよ。やはり『自分たちが使うものだし、いいものをつくりたい』と。われわれも『こういう新しいことをやりたいんだけど、どういう設備ができればいいのか』という話をして。フィラーというドイツ製の設備があるんですが、むこうの人にも要望を直接ぶつけます。最後は、言葉は伝わらなくても技術的な思いが伝わって、じゃ、一緒にやりましょうよ、となって実現できたというわけです」

岡　寿夫、三苫高弘なども話に加わり、いろんな話に花が咲く。

技術屋さんたちとの宴《うたげ》は、最後は〝環境〟を離れ、彼らの〝本業〟の話に移る。話が専門分野におよぶと、普段は寡黙《かもく》な人たちが多弁になる……博多工場の夜は、和気藹々《わきあいあい》とふけていく。

（二〇〇三［平成十五］年七月一日取材）

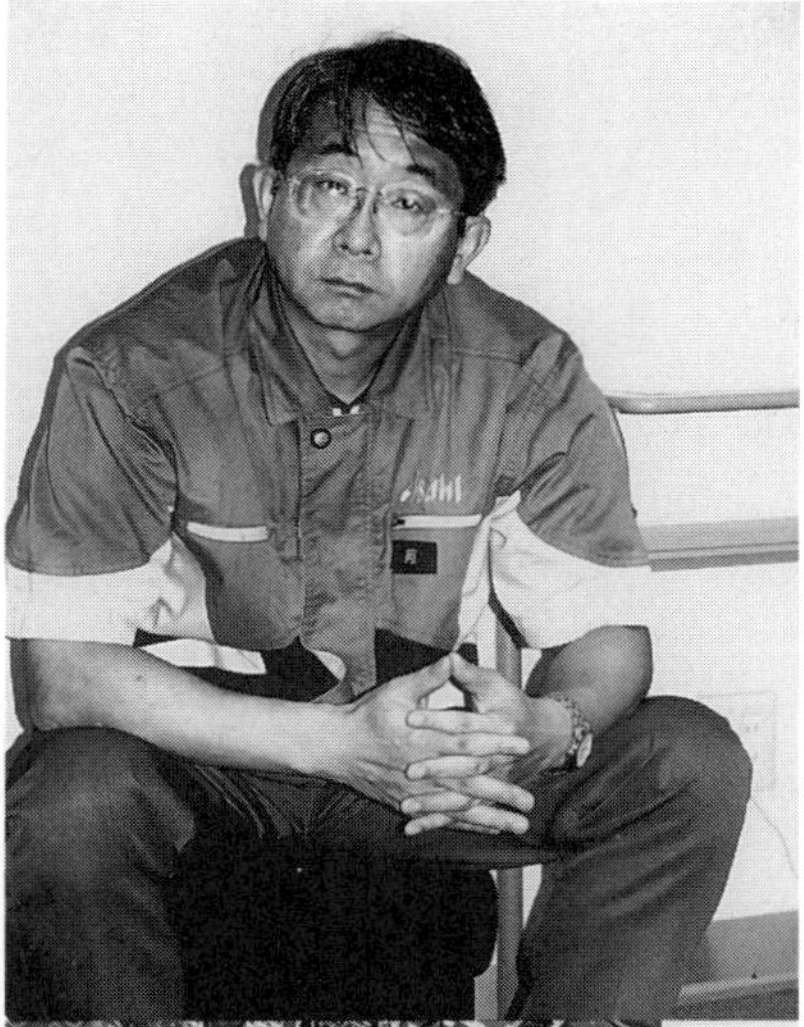
岡　寿夫

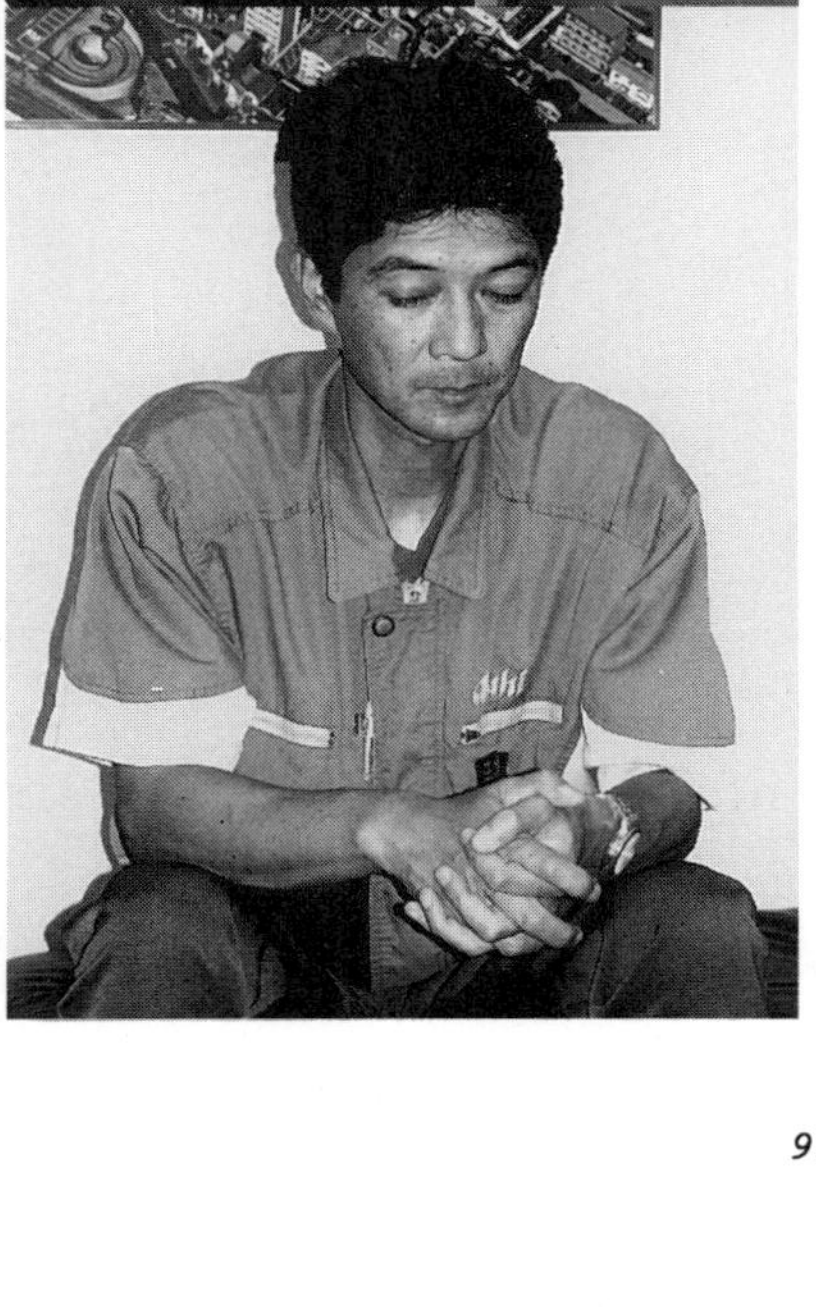
三苫高弘

■博多工場データ■

所在地■福岡県福岡市博多区。

敷地面積■十二万平方メートル。

職員数■従業員約二百五十名。グループ会社も含めた総従業員約四百五十名。

操業開始年■一九二一（大正十）年四月。

年間生産量■大瓶《びん》換算約五・一億本（二〇〇一〔平成十三〕年実績）。

■語り手■

川村公人　一九六一（昭和三十六）年三月十八日生まれ。熊本県出身。一九八七（昭和六十二）年、アサヒビール入社。吹田工場エンジニアリング部、北海道工場醸造部、西宮工場環境管理担当課長、茨城工場技術開発推進室などを経て、現在博多工場エンジニアリング部長。

秀島教文（工場長）　一九五一（昭和二十六）年生まれ。一九七三（昭和四十八）年アサヒビール入社。福島工場パッケージング部長、神奈川工場副工場長などを経て、現在博多工場長。

七章　工場らしくない工場の新設
——神奈川工場

東名高速を大井松田ＩＣでおりて、一般道を十五分ほど走る。緑豊かな南足柄の丘陵地帯の一角にアサヒビール神奈川工場がある。

工場のエントランスに立っても、そびえ立つ煙突やタンクが立ち並ぶ光景はなく、芝生のやわらかな緑が目に入ってくる。従来の〝工場〟のイメージはない。設計は、株式会社日建設計と安藤忠雄である。工場内の案内板には、英語、中国語、韓国語が併記されている。二〇〇三（平成十五）年現在、海外からの見学客は全体の↘

*

↘〇・五パーセント程度にすぎないが、将来を見越して、こうした配慮も、きめこまやかにしているアサヒビールご自慢の最新工場が神奈川工場である。

自然との調和を第一に

「〝工場らしくない工場をつくろう〟というのが、神奈川工場建設時のコンセプトのひとつでした」

神津和民

そう話すのは、神奈川工場長の神津和民（当時五十六歳）。

「地元の環境保全」は新工場建設時にもっとも意識したという。

「地元のみなさんにとっての公園のような工場にしたかったんです。敷地境界線近くにはなるべく工場設備を配置せずオープン・スペースを多くして、生産設備はその内側に配置しました」

エントランスと工場建物本体のあいだには、ガンブリヌスの丘、ビール園をはじめ、六万平米ほどのオープン・スペースがあり、昼間はだれでも散策できる。工場の東側の市道沿いには大小ふたつの公園もつくった。「地元の方に日常的に利用してもらいたい」という思いからだ。

エントランス周辺には桜十八品種、およそ千三百本が植えられている。そのなかのひとつに「春めき」という種類がある。地元にもともとあった「足柄桜」と、伊豆にある「河津桜」を交配させたもので、花は八重で早咲き、かつ花もちもいい。

幼木も多いので、今年花をつけたのは三百本ほどだが、四、五年たつとほとんどが花をつ

＊

どう見ても工場には見えない（ゲストハウス入口）＊

ゆったりとしたオープンスペース

エントランス周辺にはサクラの幼木を植えた＊

けるそうだ。千三百本の桜が咲き誇る風景は思い浮かべるだけですばらしい。

公園や桜のほかにも、神奈川工場では、周囲の自然に配慮したさまざまな工夫がされている。

たとえば、建物の高さ。ビール工場の建物は四、五階建てが一般的。神奈川工場は大森にあった東京工場を機能移転したものだが、東京工場は八階建てだった。

高層になってしまうのは、ビールの製造工程は、高いところから原料の麦芽を下へ落としながら進められるためだ。原料を何度もあげさげすると原料がいたみ、クリアーなビールができない。

しかし、ここ神奈川工場では緑豊かな周囲の借景を大事にして、建物はなるべく低層にした。

麦芽を何度か往復させるが、その扱いに配慮した新しい機械を導入して、原料の劣化問題をクリアした。

設備のカラーリングも、緑色がベースになっている。

一帯は丘陵地帯で、周辺道路と工場地盤面とで十五メートルの高低差があるので、建物を低くすることにより背面の自然も工場と一体化させた。

「どこから見ても、自然のなかで違和感のないようにしました」

と神津工場長。

「地球全体の環境保全」と「地元の環境保全」をテーマに建設

神奈川工場建設プロジェクトがはじまったのは一九九七（平成九）年。当初は「新工場建設」というだけで、まだ場所は確定していなかった。

当時、神奈川県が「水と緑の交流圏構想」として県西地域に人の誘致を図っていた。「箱根を中心に集客を増やそう。そのために水や緑といった自然をPRしていこう」というものだった。

「アサヒビールとしても、原料の水が確保され、道路網も確保される見込みがつき、それで神奈川県にきまりました」

新工場概要がきまったのが一九九九（平成十一）年六月。半年間本社で設計したのち、現地で設計と施行。翌年三月に現地に建設事務所が開設され、神津は建設事務所長に就任した。二〇〇一（平成十三）年九月、組織改編にともない「神奈川工場」工場長に。二〇〇二（平成十四）年三月に、神奈川工場は操業および出荷を開始した。

建設にあたっては、「環境保全」「品質保証」というふたつの大きなコンセプトを柱とした。「環境保全」としてまず考えたのが、「地球全体の環境保全」と、先に述べたような「地元

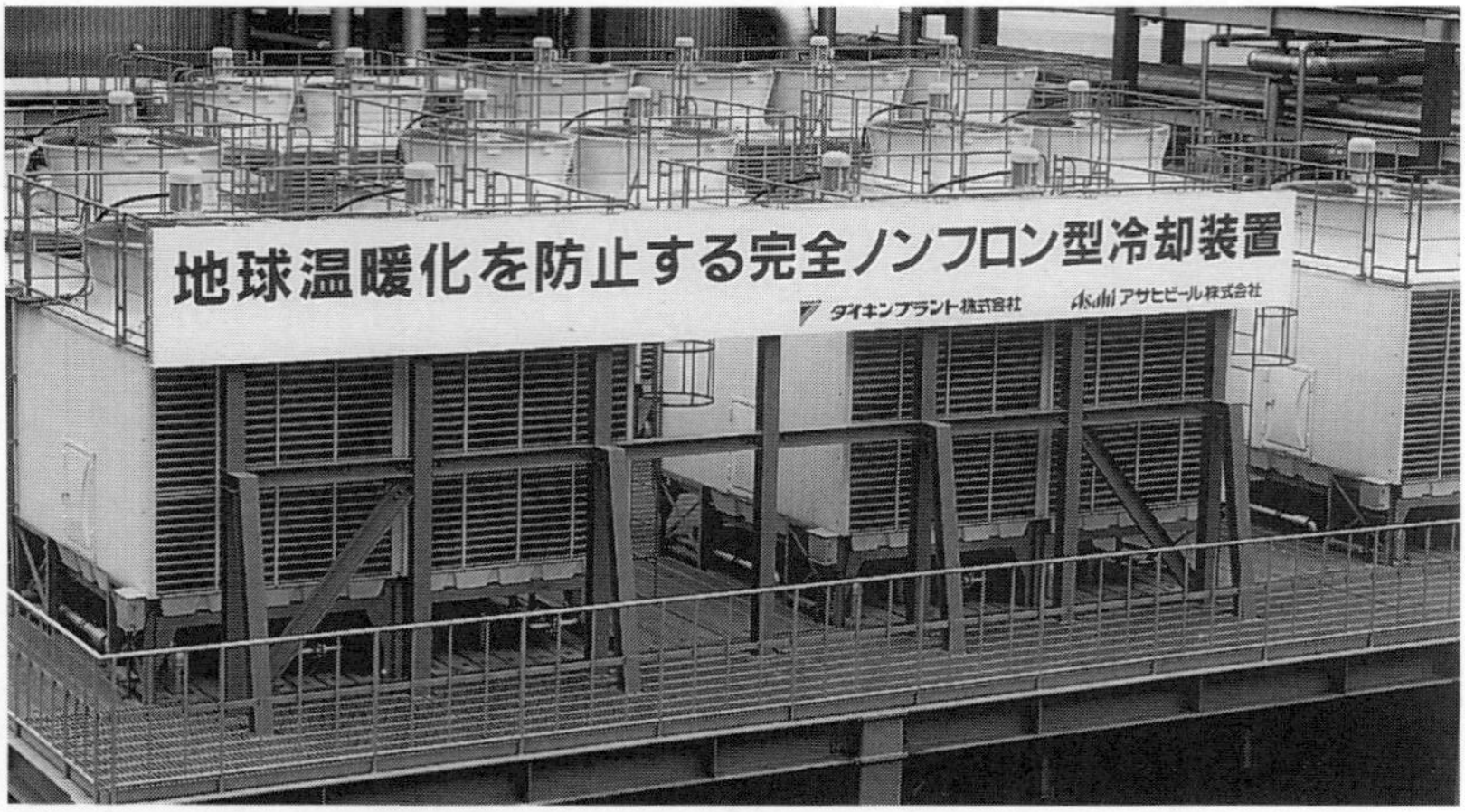

アサヒビールの既存工場で達成したノウハウは完全に取り入れた ＊

の環境保全」への配慮である。

ノンフロン化、廃棄物ゼロなど、アサヒビールの既存工場で達成したノウハウは完全に取り入れた。

「地球環境保全の基本的な考え方は、使用する燃料を少なくして同量の生産量を維持すること。たとえば、うちでは工場で使用する電力の二〇パーセント分の風力発電費用を支払っています」

日本自然エネルギー株式会社が秋田県能代や南十和田などで動かしている風力発電施設の運営を支援している。神奈川工場の社員の名刺にも、風車のロゴマークが刷られている。

また、ビール醸造の際には熱源に大量の蒸気を必要とするが、そのエネルギーの燃料には灯油を使っている。これまでの既存工場ではお

南十和田の風力発電＊

もに重油を用いていた。環境保全を考えると、灯油のほうが好ましいが、灯油は引火性が強く、技術的にもむずかしい面があったからだ。

「アサヒビールの工場のなかでもはじめての試みです」

しばらく灯油を使用したあと、最終的には、さらに燃料として好ましい都市ガスを二〇〇三（平成十五）年一月に導入した。

南足柄一帯には富士フィルム、三菱ガス化学など工場が多いが、先駆けて都市ガスを使ったのはアサヒビールだ。

「二月からは都市ガスのみでやってます。燃料としてこれが一番地球にやさしいものなので、しばらくかわることはないでしょうね」

職場環境も大切に

考慮するのは自然環境だけではない。はたらく側、つまり工場スタッフにとっての職場環境も大事だ。

現在、神奈川工場では、アサヒビール社員と関連会社のスタッフ総勢三百五十名ほどがはたらいている。

新工場を立ちあげるときは、既存工場から応援人員を受けて立ちあげ作業を行う。北海道から博多まで、四国工場を除く七工場から派遣されている。技術伝承を終えてから、もとの工場へもどってもらう予定である。

「今は立ちあがりの時期なので人手がたくさん必要だけど、現在九十五名いる社員を、将来的には七十名にする予定です」

今年から来年にかけて、順次派遣もとの工場に帰還していくとのこと。

生産ラインの職場環境もずいぶんかわってきた。

「ビールづくりの現場を見ればわかっていただけると思いますが、『人が機械にへばりついていないとダメ』というのはもうやめよう、ということです」

人間は、設備を一括して管理できる事務所的な空間で仕事をする。

「今つくっているものの品質管理や、いかに効率的に生産するか考えるのがスタッフの仕事なんです。そこに力を注いでもらいたい。そのためにラインを安定させて、基本的には人間が機械から離れて、これらの作業に集中して仕事ができるようにしています。そうした環境下でこそ、新しいアイデアも生まれてくる」

機械につきっきりにならずにすむように、精度のよい機械を選定し、トラブルを少なくする。

たとえば、以前は瓶《びん》の最終検品は人間が見ていたが、今はカメラとコンピューターで行っている。

「人間はひとつのものはとても細かいところまで見るが、それを二十四時間持続させるのは無理。機械化すると、人間にはない安定性や均質性が得られます。この方法は既存工場で試用し『人間が見ても、機械が見ても遜色《そんしょく》ない』ことを証明してから取り入れました」

導入後約一年たったが、大きなトラブルもなく順調に稼動している。

「環境保全」とならんで「品質保証」も大切

「環境保全」と並ぶもうひとつの基本コンセプトは「品質保証」。

アサヒビールが今標榜《ひょうぼう》しているのは鮮度管理。

「できあがったものをいかに迅速《じんそく》にお客さまのもとに届けるか。それは時間、分の世界です。工場でできたものを倉庫に入れて検査をして……では間にあいません。各工程ごとに品質管理をして、いいものだけをつぎの工程へ送ります。最後の物流倉庫へは、容器も中身もベストのものしか送りこまれない」

製造から出荷までの時間は、近年ますます短縮されてきている。

製造された製品が物流倉庫へ入った時点で品質保証を終え、出荷対象となる。それを可能にするため、品質管理方法をシステム化した。

瓶《びん》や缶につけた記号を読み取ると、その製品がいつ、どんな原料で、どういう仕込みがなされ、どういう発酵、熟成工程を経たかがわかる。

「かりに市場からのクレームがあった場合も、その原材料までの品質のひもつけがすぐに分かるため、すばやい対応ができるわけです」

今のところ神奈川工場で生産しているのはスーパードライのみ。工場を全開稼働してつくり貯めするのではなく、その都度受注生産に近い生産をして「機動性のよい工場にしていきたい」とのことだ。

「そうすることで、品質管理がいき届くだけでなく、生産性、つまりはコスト面でのメリットもありますから」

ビール工場は、「数年やってうまくいかなかったら撤退しよう」というものではない。二、三十年後の生産ビジョンも描かれている。

近い将来、中国や韓国、東南アジア各国で生産されたものが日本国内に入ってくることも想定し、

「外国産の質があがり、物流機能が発達すれば、コスト面で優れていなければ負けてしまう。だから、ひとり当たりの生産性が高い工場にしたいんです。七十名前後でつくっていくというのはそういう意味です」

神奈川工場の年間生産量は現在約一五万キロリットル。将来的には三〇万キロリットルを生産する構想がある。

エンジニアリング部長の井上達也（当時四十二歳）が神津工場長の説明を補足する。

「『あと一五万キロリットル分の増設スペースを持っている』というのではなく、最初から三〇万キロリットル用のレイアウトで設計してあるんです。今はそのうちの一五万キロリットル分だけをつくりましたよ、という感じです。あとでつけ足しするとどうしても無理な設計になって、エネルギーロスが多くなりますから」

現在の一五万キロリットルを七十名。三〇万キロリットルになっても八十名でやりたいという。

井上達也

井上は、

「わたしが入ったころは、とにかくものをつくらなきゃいけない、というご時勢で、各工場は増産へ向けた体制づくりを急いでいました。一九九〇（平成二）年にスーパードライが出た直後から、工場の増設工事がピークをむかえました。『スクラップ＆ビルド』で、工場の古い部分を壊して、そこに新たな設備をつくって。そうすると、配管を無理に迂回させたり建物の並びが非効率的になったり、といった歪みが生じてきたんです」

と回顧したあと、力をこめて語る。

「そのような経験もあって、ここは最初から三〇万キロリットル生産に設定しました。工期も一般的な工期で余裕を持ってできました。今現在の神奈川工場の全体のレイアウトを見ると、一見いびつに見えるでしょう。タンクの横が〝歯抜け〟になってたりとか。これは三〇万キロリットル生産時にはタンクのスペースになるんです。そういう具合に、三〇万キロリットル生産時には整然とした形状になっていくんです」

ひとり当たりの生産能力は世界のトップ・クラス

井上はつづける。

「八十名で三〇万キロリットル生産できれば、ひとり当たりの生産能力は、年間およそ三七〇〇キロリットル。これは世界でもトップ・クラスです」

世界のビール工場としては、アメリカで一番大きい「アンホイザーブッシュ」や南アフリカに「サウスアフリカンブルワリー」などがある。それらの工場が、従業員ひとり当たりの生産能力が三三〇〇～三五〇〇キロリットルといわれている。

ともに神奈川工場の二十倍ほどの規模を誇る大工場だ。道路網、物流経路が整備されているので、あちこちに工場をつくるより、大工場から大型トレーラーで送りだすほうがコスト的に安い。日本では品質確保、物流コストの節減のため、エリアごとに細かく工場をつくるほうがメリットが大きい。

二十年まえは、一五万キロリットル生産しようとしたら二百五十名前後は必要だったという。

ちなみに神奈川工場の前身である東京工場には、今の倍の人員がいた。

「しかし、むやみやたらに人だけ減らすのではありません。職場環境を整えて、人にもやさしく、なおかつ最終的に生産性に結びつくようにする。そこを見落とすと、いくら高い省力機械を取り入れてもよい結果は生まれません」

できるだけもとの地形をこわさないで工場建設

工場の窓から外を見渡すと、周囲を取り巻く山麓、そして田んぼや畑がぽつぽつと目に入ってくる。

「この一帯は、工場建設まえはみかんの休耕畑だったんです」

一九九一（平成三）年のオレンジ輸入自由化により、みかん農家は生産量の削減を迫られた。生産過剰を避けるためにみかんの木を伐採した。十年ほどたち、補償期間が切れて、農家の人も「どうしたものか」と困っていた。一部の農家はキウイ・フルーツなどに転作した。まとまった広い土地なので、地元の農家などのあいだで「企業を誘致しよう」という動きが起こり、農協や市、県へのはたらきかけが始まった。

「うちもちょうど『東京工場をいずれは移転させなければいけない』と考えていました。首都圏東側には茨城工場があるので、バランス上首都圏の西側がベストポジションであり、地元の方による企業誘致の動きもあり、水も良質、道路網も問題ないここにきまりました」

山の斜面につくられるみかん畑。その跡地である神奈川工場の敷地も、もともと三〇メートルの山と三〇メートルの谷があった場所で、都合六〇メートルの高低差があった。山の一部を削り、谷を埋めて平らな敷地をつくった。

「なるべく原生林をのこしたいと思い、エントランスと生産設備を置く部分のみを平らにして、建物の裏側は手をつけずに置いておきました」

そうした景観づくりと同時に、土の有効利用にも配慮した。通常は土の過不足分を外部から持ちこんだり持ち出したりするが、それも一切せず、もとの山から削った土のみで造成した。

また、木を伐採する際も基本的には雑木のみを伐採し、良い木は別の場所に植え直した。伐採した雑木はすべて三～五センチのチップにして、植えこみ材として利用している。この植えこみ材には殺菌効果があり、また適度な空気が入りこむので根が張りやすく木の育成がよいと言われている。

借景に見える山の斜面には、まだみかん畑がのこっている。畑のところどころに小屋がある。

「このあたりのみかんは、そのままだと少し甘味が足りないようで、小屋のなかで数日置いて甘味を出すんです。工場建設地にも小屋がありましたが、その小屋の基礎用のコンクリート廃材も破砕して、コンクリートの骨材として再利用しました。だから敷地造成のときには廃材をいっさい外に出さずにすみました」

建設コンセプトを徹底して、確実に実践している。

「地元の人にしてみれば、みかん畑の山だったところに、トラックがどんどん出入りしたら、そりゃびっくりでしょ。工事は慎重に進めて、コミュニケーションもとりました。南足

工場内の公園は　できるだけ自然のままに＊

柄はみかんができるぐらいですから、気候は温暖なところ。だから人びとも気持ちが温厚なのかもしれません。いろんなことが相談しやすかったです」

工事期間中は三か月に一度、自治会の役員などに現場に来てもらい、工事の仕方やつぎの三か月の工事予定などを説明した。二〇〇一（平成十三）年には自治会の人二百名に、桜の植樹をしてもらうなど、いろいろと交流を図っている。

「将来的に、蛍がすめるような環境をつくろう」というのが、工場を取り巻く環境づくりの合言葉だ。

「生産方法やエネルギーは時代時代でいろいろかわっていきます。しかし、環境保全に関する基本態度はかえてはいけない。それは地球に対しても、地元に対しても、社員に対してもおなじです。環境をわるくしてまで効率を追うと、いずれしっぺ返しがきますから。地元の方の立場に立つと、やはり自分の家のとなりは工場よりも公園のほうがいいんです。いくらわれわれが『工場らしくない工場をつくります』と言っても、それが人間の本音でしょう。建設のときだけかっこいいことを言うのではなく、運営していくうえでしっかり守っていかなければ」

環境保全重視の最新設備あ・ら・かると

二〇〇二（平成十四）年五月に操業開始した神奈川工場は、アサヒビールの工場のなかではもっとも新しい。そのつぎに新しいのが、一九九八（平成十）年にできた四国工場。当時の最新鋭の工場として環境保全を重視して建設された。

「既存工場で取り組んできた技術やノウハウを、改良を加えながら四国工場に集積したんです。神奈川工場はそこにさらにプラスアルファしてできました。無人検品システムなども四国工場でのベースがあったので、時期的にやりやすかったという面はありますよ。これがまた五年後、十年後となると、またゼロベースにもどりますからね」

と語るのは神津工場長。

神奈川工場の設備レイアウト、また環境保全のための設備、技術について項目別に列挙する。解説は井上である。

レイアウト

設備配置のレイアウトには、それぞれに意図がこめられている。

まず一般的にパワープラントと呼ばれている原動部門。用水電力、蒸気、コンプレッサー、窒素供給設備、炭酸ガスなど、いわゆるユーティリティーを供給する心臓部だ。工場のほぼ中央に配置されている。

「中央に置くことで、配管が各工程へダイレクトに短く供給でき、エネルギーロスを抑えられます。簡単に言うと距離が長いほどポンプの動力を食うし、お湯などは温度が低下してしまうんです」

また、コンプレッサーやボイラーはどうしても音が出るので、工場のほぼ中央に配置させている。そして、タンクや建物に囲まれるようなレイアウトにして、騒音や振動の抑制を図っている。

さらに、連続する工程同士を可能なかぎり隣接させ、各工程間の行き来を最小限にしている。

また、この場所は山と谷が入り交じった土地だったので、敷地内には、山を切った部分と谷を埋めた部分があり、谷を埋めた部分のほうが地盤が弱い。当然、地震が起きると揺れが激しい——。

「だから、自然災害に備えて屋外タンクや原動設備などの重要設備は山を切った部分に配置してあります」

環境保全を考慮した設備

「既存工場に比べて、ここに格別目新しいものがあるわけではないんです。今までの他工場の技術の総決算で、いいとこどりですかね(笑)。もちろん今までの不具合など、設計の際にきちんと確認して改善しています。そうは言っても、新しいものもあります。その代表が

ＮＡＳ電池です」

ＮＡＳ電池

夜間電力を貯め、昼間に放電できる蓄電池。非常用電源として使えることから、消防庁長官賞も受賞した。

昼間の電力使用は、炭酸ガス排出係数が高いと言われている。夏場は午後一時〜四時のあいだが電力消費のピーク。取材当時、東京電力も「今年も電力事情はきびしい」と予測していた。ＮＡＳ電池だと夜間電力を有効に利用でき、ピーク時の量を抑えられる。

工場の契約電力は上限が六〇〇〇キロワットだが、ＮＡＳ電池は出力一〇〇〇キロワットで七・二時間放電できる。

「ＮＡＳ電池をうまく運用すれば契約電力をカットできます。非常用電力としても有力ですし。ＮＡＳ電池自体は、最近ようやくちらほらと使われはじめたものです」

神奈川工場に設置されているＮＡＳ電池の価格は、開発費なども含まれており、数億円と高額。最近のものはその半値以下になっているという。

「ここにあるのは東京電力が実地試験用として設置しているもので、うちの所有ではないんです」

東京電力では時間帯別の契約があり、夜間に使えば使うほど料金は安くなる。神奈川工場の電力使用は夜間が五五パーセント、昼間四五パーセント。NAS電池がないとその比率が、三対七ぐらいになってしまうという。

工場は二十四時間稼働しているので、当然パワープラントも三百六十五日フル稼働。そのためNAS電池利用のメリットは大きい。NAS電池を運用し、夜間電力を利用することで契約電力が削減できる。

VRC (vaper recompresser)

蒸気の再圧縮機。

「ビールは、原料を釜に入れて煮沸し、それをろ過して麦汁をつくります」

この工程で大量の熱エネルギーを使用する。煮沸時に発生する大量の蒸気を回収して、コンプレッサーで圧縮し煮沸の熱源として再利用するのがVRCの仕組みだ。

茨城工場でもVRC設備が導入されている。

自動販売機（炭酸ガス冷媒）・冷蔵庫もすべてノンフロン

今、完全ノンフロンを実施しているのは、名古屋工場とここ神奈川工場だけ。

炭酸ガスの回収

（写真上から）ＮＡＳ電池　蒸気再圧縮システムなど
神奈川工場には　最新式の設備がととのっている＊

ビールの製造工程では容器への充填などで炭酸ガスを使用している。その炭酸ガスは、ビールの発酵時に発生する二酸化炭素を利用している。それでも足りなくて外部から炭酸ガスを買うときもあるが、今はほとんど買わずにすんでいる。

発酵と使用量のバランスが少しくるったり、設備の定期メンテがあったときは不足ぎみ。回収は他工場でもやっているが、ビール一キロリットルを製造するのに必要な量（これを原単位と呼んでいる）が全工場中でもっとも小さい値となっている。

排水処理

嫌気処理（排水をメタン生成菌を含む嫌気性菌で処理することにより、排水中の有機成分をメタンに分解）により、排水を浄化するとともに、生じたメタンはエネルギーとして利用している。

ビールの製造工程から出た排水を生物分解する際に発生するメタンガスを回収して、ボイラーの燃料として再利用している。このシステムを利用することで、工場で必要な年間熱量の一〇パーセント弱をまかなっている。西宮工場をのぞくすべての工場で導入している（西宮工場も二〇〇四［平成十六］年四月に導入予定）。

コジェネレーション・システム

都市ガスを使った自家発電。二〇〇三（平成十五）年十二月に導入された。

燃料として重油を使用するより、炭酸ガスの排出量が減らせるし、コストメリットもある。

また、コジェネレーション・システムを使うと、エンジンで発電機をまわすので、そこから電気以外に熱が発生し、これを再利用できる。排水処理から発生したメタンガスをさらに有効利用するために、現在、都市ガスとメタンガスをうまくまぜあわせ、燃料として再使用してエンジンをまわそうという技術開発をしているところ。

工場操業開始と同時に「ゴミゼロ宣言」

二〇〇二（平成十四）年四月には「ゴミゼロ宣言」をした。

井上の話は工場の環境保全問題におよぶと熱をおびてくる。

「これは既存工場のノウハウがあったので問題なくできました。ただ、リサイクル業者は運搬時にトラックから発生する排気ガスも考慮し、なるべく地元の業者さんをと考えた。その選定に手間をかけました。工場で発生する細かい種類のゴミを集めて、『これはどういった処理をしますか？　どのような仕組みでリサイクルできますか？』とヒアリングを行ない、実際にリサイクルの現場を見せていただいてきめていきました」

今のところ、工場から出る廃棄物は約二百五十品目。それを約四十のグループに分け、二十社弱の業者に回収・処理を依託している。

業者側の定期メンテナンスなどで廃棄物回収に支障が生じるのを防ぐため、おなじ品目も基本的に二社と契約している。

また、ビール園の生ゴミは加工されたのち、家畜の飼料として利用されている。

水処理の問題

「熱回収、水回収などはどの工場でもよくやるんです。ただ、回収はできても、それをうまく再利用できているかどうかが問題。結局無駄になってしまうところもありますから。だから、最初の設計時に、回収できる量と利用できる量のバランスをよく考えておくことが大

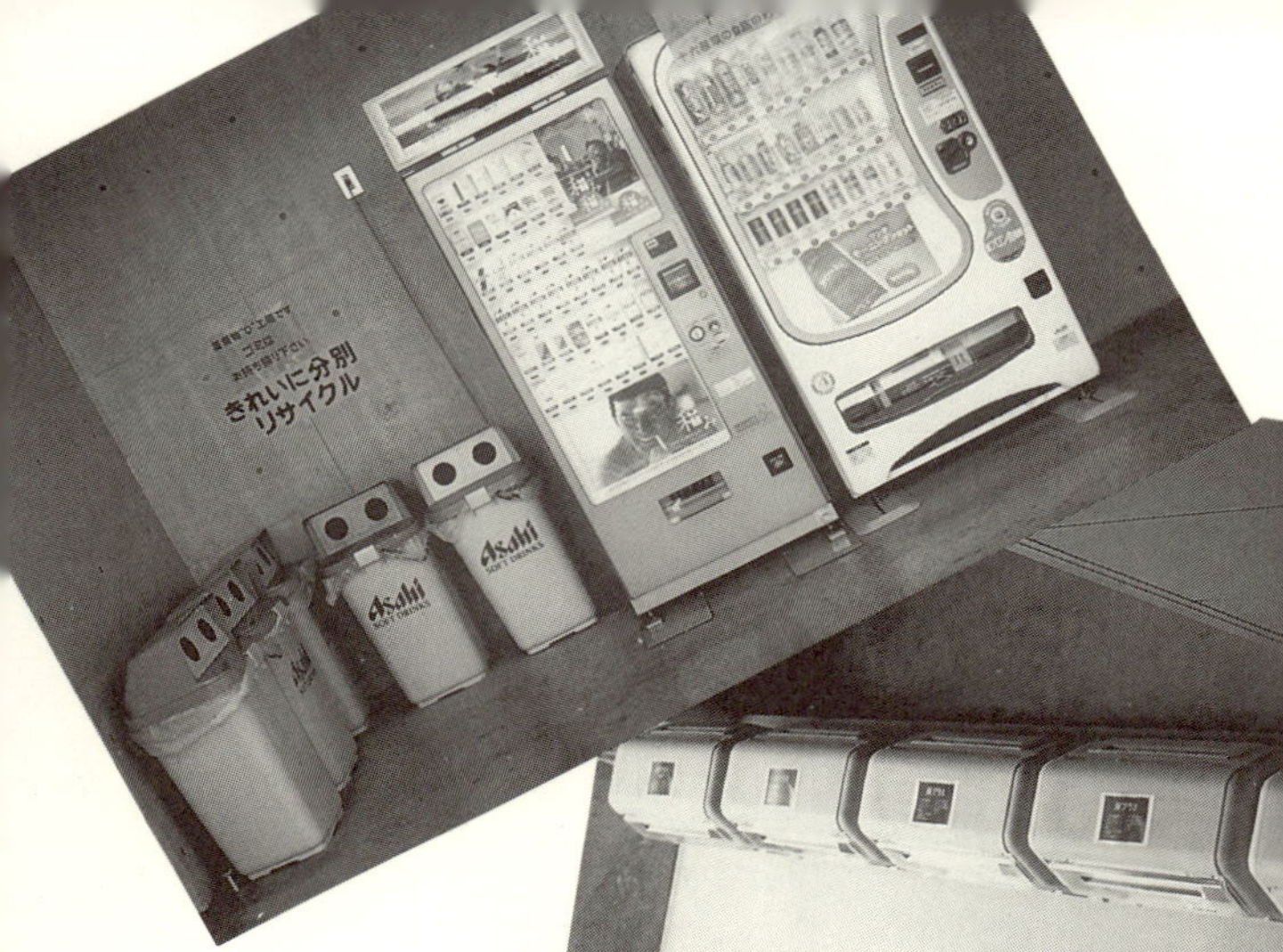

神奈川工場のおしゃれな
ゴミ箱あ・ら・かると

切です」

たとえば、缶にビールを詰めるまえ、水で缶のなかを洗浄するが、この水は全量回収。その水の再利用先を確実にきめて、配管の設計をつくりこむ。基本的にはトイレを流す水に使う（手を洗う水は水道水）。そのほか、返ってきたリターナブル瓶《びん》の洗浄工程の最初の一番汚れがひどい部分を洗浄する水に使ったり、プラスチックのビールケースを洗う水などに利用している。

このように、回収した水や熱をどう使うのか、あらかじめ用途をきめて設計に盛りこんでいる。

とにかく、水を動かすと電力を使う。それに、水を捨てると同時に、お湯もいっしょに捨てることになると熱もロスすることになる。

二十年ほどまえは、タンクやラインの水洗いなどにはふんだんに水を使っていた。現在の水使用量は半分以下だろうと話す。

「汚しておいて洗わないのではないんですよ（笑）。洗うものはちゃんと洗う。だから、製造工程を集約し、ビール配管を短くするなどして、水を使わなくてすむ設備にしていく。省くべきところと、省いてはいけないところを捉えちがいしないように」

と語ったあと井上は、こう自信を持ってつづける。

「同業他社と比較すると、うちは約六割の水使用量でおなじ量を生産してますよ」

料金だけのために節約、回収、再利用するのではなく、そこには資源、エネルギーの有効利用という考えがある。

「〝経費節減〟という意味では、昭和三十〜四十年からやってました。それは環境意識からではなく、経営がきびしいので、〝コストをさげよう〟という意味あいだったんです」

そのうちに世のなかも「環境にやさしくなければ企業ではない」という流れになってきた。会社として、環境を前面に言いだしたのは一九九三（平成五）年の茨城工場ゴミゼロ宣言のころ。

「アサヒには低迷した時代があってよかったかもしれませんね。その時代に生まれた工夫がたくさんありますから。『たくさんつくってたくさん売ればいい』という時代は終わったんです。いかに少ないエネルギーで生産するかが問われています。逆境をバネにして売上も大きく伸ばしたが、いいときばかりはつづかない、と自分に言い聞かせています。他企業も当然努力していますから、つねに危機感を持っています」

と井上は謙虚に自戒することも忘れない。

（二〇〇三［平成十五］年五月三十日）

■神奈川工場データ■
所在地■神奈川県南足柄市怒田。

敷地面積■四二万四〇〇〇平方メートル。

職員数■従業員約百名。グループ会社も含めた総従業員約三百五十名。
操業開始年■二〇〇二（平成十四）年五月。
年間生産量■大瓶《びん》換算約二・三億本。

■語り手■
神津和民　神奈川工場長。長野県出身。埼玉県川越市で育つ。一九六五（昭和四十）年にアサヒビール入社後、博多、名古屋、福島、茨城など全国各地の工場で勤務。二〇〇一（平成十三）年九月より神奈川工場勤務（神奈川工場建設のプロジェクト自体は一九九七［平成九］年にスタート）。
井上達也　神奈川工場エンジニアリング部長。一九六〇（昭和三十五）年生まれ。兵庫生まれ、東京都世田谷で育つ。西宮、名古屋などでエンジニアリングの勤務を経て、一九九七（平成九）年に新工場設計事務所立ちあげと同時に神奈川工場の仕事に携わり、現在に至る。

神奈川工場は見学客でにぎわっている

八章　海外進出（中国）と環境問題
——深圳《シンセン》工場と北京工場

香港から九広鉄道に乗り、一時間ほど北上すると広東省・深圳《シンセン》に着く。近年、経済特別区としてめざましい成長をとげてきている人口約四百万人の街だ。

深圳《シンセン》市の中心部から広州方面へ車でさらに四十分走った経済特別区のすぐ外、郊外の一角にアサヒビール深圳《シンセン》工場はある。青島啤酒《チンタオビール》社との合弁会社「深圳青島啤酒《シンセンチンタオビール》朝日有限公司」の生産工場として、一九九九（平成十一）年七月二十二日に開業した。「アサヒスーパードライ」「青島啤酒《チンタオビール》」の生産が始まったのである。《＊資本比率は中国五一パーセント、日本四九パーセント（アサヒビール二九パーセント、伊藤忠商事一↘

↘〇パーセント、住金物産一〇パーセント）》

そして、二〇〇四（平成十六）年には、北京市政府との合弁会社である北京啤酒《ビール》朝日有限公司の新工場が、北京市郊外で稼働しようとしている。
どちらの工場も、環境保全を全面に打ち出した「中国の次世代型モデル工場」である。

環境と景観をおもんばかった「中国の次世代型モデル工場」

この新工場は、ビールづくりのための最新設備を備えているのはいうまでもないことだが、環境と景観をおもんばかった「中国の次世代型モデル工場」を目指して設計された。環境保全という視点から見れば、最新の排水処理設備や排煙脱硫設備をこの工場が導入したことに、まず目がいく。それは、中国国内の排水基準をはるかにうわまわる設備である。俗に「二十一世紀は環境が商売になる時代」とよくいわれるが、環境保全型企業に消費者が好意を持つという意味だけでなく、こうした最新鋭の機械を設置して省エネルギーを推進することで企業価値があがる。アサヒビール・ファンがふえることで売上があがる。すなわち、〝商売〟になるのである。また、工場のまわりを緑地にして、池をつくり、木を植え、〝ゆったり感〟をかもしだす。「周辺環境との調和」を強調する友好的な外資系生産会社に、地元の

工場というよりはホテルの入口といった感じ（総ガラス張りの正面入口内側から見た外の景色）

おしゃれなゲスト・ルーム

人たちから苦情がでるわけがない。さらに、追い討ちをかける。ゲストハウスをつくって、ビールの無料試飲つきの工場見学を受け入れる方針を打ち出す。『社会に開かれたアメニティ性あふれる工場となります』とアサヒビールは喧伝する。

深圳《シンセン》の青島啤酒《チンタオビール》朝日有限公司の工場からの出荷が始まったことで、「アサヒスーパードライ」の中国での現地生産は、一九九八（平成十）年三月に開始した煙台啤酒《エンダイビール》会社（本社　山東省煙台市、総経理　曲　継光）につづき、ふたつ目の拠点となった。また、中国におけるアサヒブランドビールの生産拠点としては、「朝日啤酒《ビール》」を生産している北京、杭州《コウシュウ》、清源《セイゲン》啤酒《ビール》会社に加え、深圳青島啤酒《シンセンチンタオビール》朝日有限公司が五拠点目となり、中国沿岸地域全域を南北に網羅した五つの生産拠点が完成したことになる。

現在、深圳《シンセン》工場ではたらいているスタッフは総勢三百人。中国では、同程度の広さを持つ工場なら千人から千二百人程度で稼働させるのが一般的。人数としては深圳《シンセン》工場はずいぶん少なめだ。

操業当初は四十名ほどの日本人スタッフがいたが、ひととおりの技術指導とマニュアルづくりを終えると引きあげていったため、取材をした一九九九（平成十一）年十二月時点では十二名、二〇〇三（平成十五）年現在は、七名が現地勤務をしている。一方の青島啤酒《チンタオビール》側からは八名。製造スタッフのほとんどは現地採用の人たち。

岩崎次弥総経理（取材当時。現常務執行役員・国際事業本部長）が言う。

「武漢などにある醸造学校からの採用が多いんです。新入社員といっても、学校で二年間専門の勉強と職業訓練を受けているので、優秀な方たちばかりです。もちろん『ビールをつくるのはまったくのはじめて』という社員もいますけど」

醸造学校に対して「何名ほしい」と要請すると、それだけの人数を学校側で選抜してくる。中国では将来性の高いビール会社である。やはり希望者は多い。

岩崎次弥

岩崎総経理がほめる。

「日本から来る幹部は『彼らはとても優秀だ』と口を揃えて言います。日本での新入社員とちがって、彼らはベースができていますからね」

現地スタッフのほとんどは社員寮で暮らしている。工場に隣接して建つ寮はとてもこぎれいだ。

部屋は二人部屋で約六畳。各部屋にシャワー、クーラー、テレビ、電話が備えてある。寮費は月々三百元（約四千円）だが、住宅手当てが出ているので一日三食の食事代こみで、ほぼただで暮らせる。

十二名の日本人スタッフはすべて単身赴任。すでに帰国したスタッフは、最初から、深圳《シンセン》工場立ちあげのための期限つき赴任。吹田、西宮工場を中心に日本の工場から〝借りてきた〟人材だった。

「われわれは、はじめから三年の任期で赴任しています」

と現地日本人スタッフの丸田公成総工程師（当時四十五歳。現北京工場建設事務所長）。

任期は一期三年ということに、いちおうは、なっているが、あくまでケースバイケース。日本人スタッフには、海外勤務手当てのほか、生活環境がきびしい地域での勤務に対して支払われる「ハードシップ手当て」がつく。

丸田公成

日本人スタッフの住まいは、深圳《シンセン》市内の蛇口《シャコウ》という地区にある。工場まで毎日車で四十分ほどかけて通勤している。

丸田が述懐する。

「しかし、それにしても中国語の準備は十分にできなかったですね。五日程度ちょこっと勉強して、そのまま現地へ……」

それでも丸田は深圳《シンセン》に来てから一年半のあいだに、生活には困らない程度の中国語は修得した。

丸田がつづける。

「ただ、日本人が多いと日本語で仕事ができてしまうので、なかなか中国語を覚えないんですよ。でも、だんだん日本人スタッフも減ってきて、必然的に中国語も鍛えられます（笑）」

普段、仕事上のコミュニケーションは日本語と中国語両方。仕事に関係ない話は中国語を使うようにしている。

鈴木　清

鈴木　清工程副部長（当時五十二歳。現茨城工場エンジニアリング部副部長）の感想。
「日常会話はまちがってもたいしたことないし、通訳を通すとワンクッション入ってしまうから話が弾まないでしょ。でも、仕事の話は重要だから通訳を通します」

基本的に日本人ひとりに一名ずつ中国人の通訳がつく。社の海外留学制度を利用して北京で半年ほど勉強したのち、赴任した若手社員もいる。

言葉や文化のちがいに悩まされることもあるが、それよりも仕事に関する考え方のズレでむずかしい面があるという。

「今までは単純に『ものをつくる』という目標でやればよかった。しかしこれからは、稼働率をあげたりという、一歩進めた仕事にはいってきますから。そうすると、ちゃんと意思疎通して明確に理解しあわないとむずかしい」

と丸田がいうのを受けて、鈴木が、

「『ものづくり』にプラスアルファをつける段階になると、やはり考え方のちがいが出てくるんですね。日本人同士のように『あうんの呼吸』は通用しない。すべて明確な言葉にしていかないとダメです」

お隣り同士の国とはいえ、当然文化のちがいはある。

それに、青島《チンタオ》、アサヒとも、ビールづくりでそれぞれが長年つちかってきた伝統を抱えて

中国ナンバーワンの啤酒《ビール》会社との合弁工場＊

仕事中の中国人スタッフ

いる。

その点、丸田は割り切っている。

「うちのやり方とちがうな、と思うことはありますが、おたがい技術者だから、理屈さえ通ってればやっていけるんです。〝おなじビールをつくる仲間〟という気持ちで認めあって各論に入ればいい」

岩崎総経理が補足説明をくわえる。

「中国にある深圳《シンセン》以外の四工場は、もともとはじめから現地にあった工場で、ローカルの人たちのブランド・ビールがあったわけです。そこにアサヒが資本参入し技術改良して、さらにアサヒ・ブランドもつくっていくというかたちですよね。一方ここ深圳《シンセン》は、青島啤酒《チンタオビール》という中国ナンバーワンの啤酒《ビール》会社との合併工場ですから、おたがいの技術をすりあわせられる。もちろん、ぶつかりあうこともありますよ」

丸田がうなずきながら、その言葉を受ける。

「中国と日本では、管理の方法がずいぶんちがいますね。われわれは『人は基本的に正しい仕事をするものだ』との前提に立ってスタッフや仕事を管理します。しかし、中国の人は『人はまちがいを犯すものだ』と考えている。われわれが信用してスタッフにまかせたりすると、『そんなに信頼してはいけない』と言われたり（笑）。日本のやり方が特殊なんですかね」

現地化したグローバル企業として

日本国内市場向けにビールを生産してきたアサヒビール。そのアサヒビールが世界進出を試みようとしている。トップ・メーカーとはいえ、国内のノウハウがそのまま海外で通用するわけではない。

岩崎総経理が熱っぽく語る。

「うちの会長（当時は瀬戸雄三）も、『日本からあれこれ指示を出してコントロールするつもりはない。グローバル企業は、現地の事情に適応した〝現地化〟が必要なんだから』と言っています。われわれ現地スタッフも、『中国の深圳《シンセン》だから、今のやり方をしている』という認識でいます。別の地ではまた別のやり方があるんでしょう」

丸田が、深くうなずきながら同意する。

「『日本の常識は世界の非常識』と言われている意味が、だんだんとわかってきますね（笑）。地球上では中国のほうが普通なんだ、っていう」

わが意を得たりと岩崎総経理。

「日本のほうが〝非グローバル〟なのかな。だから、日本に帰ったらここで学んだことは会社の役に立てなければいけない。そうでないと、世界のなかでアサヒビールが生きのこれないと思うんです」

二人の呼吸はあっている。

アサヒビールが世界市場へ飛躍していく鍵は、〝現地化〟した生産にあるという。

岩崎総経理がつづける。

「現地でつくるビールが一番おいしい。日本から輸出して売るのではなく、アサヒの人間が実際に外へ出ていって、現地の方と協力して現地のマーケットのなかでつくった〝一番うまいビール〟を広げていく。それがわれわれの目指すグローバル化です」

〝気持ちよくて楽しい〟スーパードライ

中国国内でスーパードライを生産しているのは、深圳《シンセン》工場と煙台《エンダイ》工場。煙台《エンダイ》工場は一九九八（平成十）年四月から生産・全国販売している。深圳《シンセン》工場は開業式以降、本格的に生産をはじめた。

「香港にも深圳《シンセン》工場からぜひ輸出したいと思っているんですが、香港はまだ東京から輸出しています……おなじアサヒビールでも香港の人たちは、ブランド指向が強くて、メイド・イン・トーキョーのほうがメイド・イン・シンセンよりいいという感覚があるんですね……香港は、このすぐそばなのにね」

と岩崎総経理は、ちょっぴり無念の表情。

コスト的には深圳《シンセン》工場から出したほうが効率がよい。東京の本社に、深圳《シンセン》からのルートをつくるようはたらきかけているが、一九九九（平成十一）年十二月の時点では、実現はしていなかった。

「たかがビール、されどビール……文化の問題もからんでいるんですね。香港はまだ、日本やアメリカ、イギリスのほうを向いていて、中国は一段低く見られるきらいがあるようです。だから東京から輸出したほうがウケがいいわけです。品質はおなじなのに。そうした意識もだいぶかわってきているようですが、香港駐在員の方などに話を聞くと、やはり『日本でつくられたものが日本ブランド。アメリカでつくられたものがアメリカ・ブランド』という意識が強いそうです」

「バドワイザーを中国で生産して香港に輸出したが売れ行きがよくない」といった類の話はよくあるという。

スーパードライの中国名は「舒波乐《シューパーラー》」。

中国では商品に漢字で名前をつける必要がある。そこで、東京サイドのマーケティング専門家も交え、スーパードライの語感に近く、おいしそうな名前をあれこれ検討してきまったのが「舒波乐《シューパーラー》」。「シュー」は〝楽しい〟、「シューフー」で〝とても気持ちのよい〟という意味になる。気持ちよくて楽しいスーパードライ。

生ビールの販売も目指しているが、今のところ実現していない（取材当時。二〇〇〇［平成十二）年一月スーパードライ生製造開始）。

岩崎総経理は、きっぱりと宣言する。

「わたしどもは、前工程から最終工程まで徹底した衛生管理、技術管理を行うので、生ビールを生産するには生ビール専用の設備、それを管理できる人材がないと、求めている生ビールはできない。いや、つくりたくないんです」

とにもかくにも、中国大陸に「舒波乐《シューパーラー》」という名で上陸したスーパードライ。売れ行きも上々だ。

中国人の啤酒《ビール》に対する味覚は地方によって異なる。一般的に北では苦いものが、南では水に近いさらっとしたものが好まれるという。

このことを承知のうえで、岩崎総経理は自信を持っている。

「スーパードライの味は均一ですから、好きな人もいれば口にあわない人もいるでしょう。しかしおかげさまで、深圳《シンセン》工場の製品は出だしから非常に評判がいいです。青島啤酒《チンタオビール》も舒波乐《シューパーラー》も味がよい、と言っていただいてます」

青島啤酒《チンタオビール》本社の総工程師が、「青島《チンタオ》でつくっているおいしい〝青島《チンタオ》〟啤酒《ビール》の生産拠点が、〝深圳《シンセン》〟にとられてしまった」と嘆いているという。

現地での販売

深圳《シンセン》工場で生産された啤酒《ビール》は、深圳《シンセン》をはじめ広州周辺、華南地区を中心に販売されている。上海や北京など中国全土に向けても、三三〇ミリリットルの小瓶《びん》を出荷している。「深圳青島啤酒《シンセンチンタオビール》朝日有限公司」は販売会社を持っておらず、スーパードライはアサヒビールの販売部隊が、青島《チンタオ》ブランドは青島啤酒《チンタオビール》の販売会社がそれぞれ販売している。

アサヒ・ブランドのビールは、高級プレミアムビールとして、おもに中級より上のレストランを中心に出荷している。そのほか、家族向けにスーパーマーケットへも出荷している。中国では啤酒《ビール》市場の価格競争が激しく、「非常にきびしい価格」で売らざるを得ない。街で市販されているのは三三〇ミリリットル瓶《びん》一本六元（約八十円）程度。ディスカウント・ストアーでは一本四・六元（約六十円）くらいのときもある。

青島啤酒《チンタオビール》の銘柄は、大衆向けから高級ビールまで幅広い。街の小さな大衆料理屋からレストランまで、飲食店向けが多い。

潜在飲酒人口を大量に抱える大マーケット中国だが、それを生かすためにインフラの整備は不可欠。深圳《シンセン》に工場を構えるにあたり、当初懸念されたのが流通ルートだった。深圳《シンセン》は北京まで車で四日。青島《チンタオ》まで船で一週間。しかし、高速道路の整備も急速に進み、搬送の面での心配はほとんどなくなった。

アサヒビールのジャンパーを着た促銷小姐《チュショウシャオジェ》

販売促進活動もぬかりない。街頭の看板、公共バスの側面広告やポスターなどでの販促に加え、もうひとつ売上に大きく貢献しているのが「促銷小姐《チュショウシャオジェ》」という、「おすすめ嬢」だ。バド・ガールならぬ、シューパーラー・ガール。

夜七時から九時にかけての飲食店がこみあう時間。「舒波乐《シューパーラー》」と書かれたこぎれいな洋服を着た若い女の子がお店に乗りこむ。お客さんの席へ行き、お店で出している舒波乐《シューパーラー》を直接売りこむというわけだ。他社啤酒《ビール》専属の促銷小姐《チュショウシャオジェ》もいて、夜な夜な熱い販売合戦が繰り広げられる。

「チュショウシャオジェ」の「シャオ」は「商売」という意味。社内的にはPG（プロモーション・ガール）と呼んでいる。各社独自のコスチュームを着て、店のお客さんに啤酒《ビール》を直接売りこむこのスタイルは、アジア諸国でよく見かける光景だ。アサヒビールはタイにも生産拠点があり、バンコクやマレーシア、台湾などでも販売合戦が繰り広げられる。

「あのあたりは、ハイネケンやカールスバーグなどとの競争が激しくて、お店に入ると『一杯いかが？』といろいろなメーカーの促銷小姐《チュショウシャオジェ》が寄ってくるんです」

と岩崎は笑いながら話す。

彼女たちはハングリーな精神を持っているのと同時に、中国でのビール文化発展のための仕事である、という意識が強い。

「ほかの銘柄担当の女性が接客していると、うちのビールの担当がそれを手伝う光景はめずらしくない」

と岩崎はにが笑い。

〝中国流〟の工場建設

アサヒビール深圳《シンセン》工場のまわりでは、他企業の工場がいくつか建設中だ。

工事現場のそばにはバラックが立ち並ぶ。現場の作業員が住みこんでいるのだ。

工事は特定の建設会社が請け負うが、実際に作業をするのは現地の人たち。

鈴木の証言。

「中国では一族で工事をするんです。旦那さんと子どもがはたらいて、奥さんが現場で炊事洗濯する。だから工事現場にはパッとバラックが建つんです」

広大な国土に悠久の大自然を持つ中国と、手ぜまな国土に人口ひしめく島国日本。当然、時間に対する感覚もちがってくる。

「基本的に彼らは手帳なんて持たないんです（笑）」

と鈴木。

中国でカレンダーつきの手帳を手に入れるのにひと苦労したという。

月、日、曜日、時間が細かく刻まれた日本製の手帳を開きながら、「ぼくらはこんなんで自己管理しててね」と苦笑い。

岩崎総経理が笑いながら言う。

「中国側のお偉方にひと月先のアポをもらおうとすると、『近くなってから電話してくれ。ひと月もまえからおれをしばるな』と一喝されてしまう。われわれの描いたスケジュールはどんどん変更されて、いつのまにか中国流のペースにはまってしまう……」

同席者一同、大笑い。悪意のある笑いではない。

深圳《シンセン》工場建設にあたっても、工事のスケジューリングがまず大きな問題となった。建設現場の作業手順、工期のとらえ方など、中国と日本では大きくちがう。

岩崎総経理が当時を振り返る。

「現場を見ていても、のんびりとしていて、いったいいつ工事が終わるのかつかめない。『ほんとにビールづくりがはじまるの？』といった感じで（笑）。だから無理やりにでも日づけを区切らないといけない。正直な話、工事をすべて現地の方にまかせたら、まだここでビールをつくれていなかったかも（笑）」

鈴木がつづける。

「建設の仕方もさすが超大国。最初は設計図もなくて、簡単なレイアウトのみ。まずレンガの〝箱〟をドーンとつくるんです。ある日そこに穴を開ける。そうすると窓ができる（笑）」配管工事でもおなじように、メインの配管を引いてからそこにひとつずつ穴を開けていく。完成まで、長い長い道のりだった。

工場の開業式には青島啤酒《チンタオビール》、アサヒビール双方からの幹部や来賓がやってくるので、一九九九（平成十一）年七月二十二日開業式という日づけだけは明確にきめておいた。

そんなペースでの工事だったが、深圳《シンセン》工場の工事が本格的に動いたのは一九九八（平成十）年四月で、完成まで実質一年かかっていない。

鈴木が回想する。

「開業式の日取りがきまったのが四月二十日ごろ。わたしは工事担当だったんですが、操業開始が七月二十二日と言われたとき『絶対無理だ』と思いましたね（笑）。式の一週間まえま

上流からビールが来るぞ！

で『ダメだ』と思ってました。最後の一週間、猛烈な勢いで工事を進めてなんとか間にあわせました（笑）」

「みんな泊まりこみ、徹夜でやりましたからね。だから、夜帰って翌朝来てみるとがらっと景色がかわってる（笑）」

と岩崎総経理も当時のことを懐かしむ。

実際は、工事の終盤ですでにビール製造はスタートしていた。先に工事の終わった製造ラインの〝上流〟ではビールつくり、〝下流〟ではまだガンガン工事を進めている、といった具合だ。

丸田がおどける。

「早くしないと上流からビールが来るぞ！　なんて言って……（笑）」

タンク溶接が完成した翌日に、タンクを洗浄して、ビールを流しこむ。

ビールづくりは日程通り順調に進み、四月二十日に最初の瓶《びん》詰めができた。

あとは工場内のもろもろの〝お化粧〟作業。内装関係はすべて中国側にまかせた。

鈴木は、

「こちらはまったく口をはさみませんでした。青島《チンタオ》側の建設部隊も彼らの新工場への夢があって、一生懸命でした。いい仕事をしていただき、感謝しています」

といったあと、つづけた。

「日本流のやり方を押し通すだけではダメ。中国のやり方に溶けこんでいって新しい形をつくらなければ」

環境対策について

鈴木が、表情をひきしめていう。

「現地の規制はかなりシビアですよ。おそらく規制値のきびしさは世界のトップ・クラスと言っていいでしょう」

これまで基本的に環境問題にうとかった中国政府も、経済開放区に関しては環境対策にきびしく取り組んだ。

アサヒビールも深圳《シンセン》工場建設に際して、入念な環境アセスメントを行った。ただ監査のほうはいろいろと抜け道がある国なので、規制をクリアしないまま操業をつづけている他工場も多いという。

深圳《シンセン》工場の設備はすべて省エネ設計。冷凍設備にはフロンを使用しないアンモニア式冷凍機を使っている。

鈴木が話をつづける。

「深圳《シンセン》工場は設備は世界でも一流のものを使ってます。技術的には非常に高いですよ」

今後は、エネルギー面での生産効率（たとえば、一トン生産するために使用するエネルギー量の節約）を高めていく予定だ。

廃棄物のリサイクルにも取り組んでいる。

ガラス、鉄くず、木くず、ビニール、段ボールなどに仕分けたものをリサイクル会社が回収に来る。

現在深圳《シンセン》工場の主商品は瓶《びん》ビール。中国では啤酒《ビール》と言えば緑色の瓶《びん》が主流で、茶色の瓶《びん》はめずらしい。

瓶《びん》の回収率は八割ほど。のこりの二割は、家庭で油入れなどに使うためにキープする人が多いという。缶はまだあまり生産されていないので、特別に回収することはしていない。

工場内のゴミ箱はおしゃれだが……

「この地方の方の生活習慣を観察していると感心させられます。こちらで特別に回収や再利用をしなくても、生活のなかで自分たちでうまく再利用している。缶などは、日本の昭和三十年代のように、しばらく置いておくと自然に回収されていく……みなさん、それぞれのご家庭にお持ち帰りになって、有効利用されるんですね。弁当のプラスチック容器は、壊れていない部分を洗って使ったりしている。『捨てる文化』じゃないんですね。とことん『利用する』んです。現時点の中国では、日本や欧米の発想で環境問題を考える必要はないのかもしれません」

鈴木の話は佳境に入る。

鈴木は静かだが熱のこもった口調で語る。

おもだった廃棄物は、回収ルートのなかで自然にさばけていく面がある。ただ、工場内でのゴミ分別はまだまだ徹底されてはおらず、雑ゴミがごちゃまぜになってしまうことが多い。

「ビールの生産量規模が増えてくれれば、今のままでは許容範囲を超えてしまうので方策を考えているところです」

現地の水事情はあまりいいとは言えない。

今年は、乾期にあたる春に断水がつづいた。

水源は工場の上流にあるダムの水。ダムや川の周囲にまとまった集落はないので、水質そのものは非常によい。

「地元の人は、けっして水の無駄使いはしないですね。断水のときも、『水がないから困る』という話は聞かなかったです。それぐらい水を上手に使うんでしょうね」

深圳《シンセン》工場は約一〇万平方メートルの敷地のうち三〇パーセントが緑地だ。

歩道のそばにある花畑は地元の村がつくり、手入れもしている。

岩崎総経理の総括。

「木や花といった自然を、ほんとうに大切にする人たちですよ、中国の人たちは」

ゲストハウスは　まだ
一般解放はしていない

蛇足　工場見学のことなど

日本国内のアサヒビール各工場は、地域住民とのつながりを大切にして、工場見学や広報活動を活発に行っている。

深圳《シンセン》工場でもおなじように、見学通路、二階の試飲コーナー、三階のビデオ上映室などの見学コースを整えた。環境にやさしい工場をイメージできるよう、グリーンの色使いが基調。青島啤酒《チンタオビール》側が描いていたものを実現した設備だ。しかし、まだ一般向けにオープンはしていない。

中国各地の啤酒《ビール》産業関係者が工場見学にやってくるときだけ使っている。

岩崎総経理は胸を張る。

「最新鋭の工場ということで、すでに注目されています。だから、一般開放した場合、人が押しかけてしまうんじゃないかと危惧《きぐ》して、やっていいものかどうかと……」

そのほか、「地域住民感謝デー」や「工場直送のビアホール」なども構想中だ。

「地域住民の方に、『自分たちの地域の啤酒《ビール》工場なんだ』とかわいがってもらいたいので、いろいろと計画してはいます」

岩崎総経理の夢は広がる。

深圳《しんせん》工場のスタッフは取材班（右のふたり）を生産を始めたばかりのスーパードライの生で大歓待してくれた

今後の課題

深圳《シンセン》工場が目のまえの目標としているのが、本格的な青島《チンタオ》生啤酒《ビール》生産を二〇〇〇（平成十二）年にスタートさせることだ。

一部はすでに生産にかかっているが、定期的な生産には至っていない。

鈴木の見解。

「設備がないわけではないんです。ただ、生啤酒《ビール》づくりには、原料の段階から完成まで非常に細かいノウハウがありますから。スタッフの技術レベルを、生啤酒《ビール》づくりにまであげていくのが課題ですね」

丸田の見解。

「合弁の工場で、名前もアサヒビールではありませんが、深圳《シンセン》工場をたんなる海外の合弁会社ではなく、国内の九工場につづく、十番目のアサヒ工場だと思っています」

……中国の一般向けにアサヒビールが浸透していくためには、まだまだ問題は山積みだ。しかし、深圳《シンセン》工場での中国人スタッフ、日本人スタッフの良好な関係とその仕事ぶりは、人口十二億人の大市場中国における、アサヒビールの無限の可能性を感じさせた。

（一九九九［平成十一］年十二月二十三日取材）

そして、今（二〇〇四年はじめ）……

本社に帰ってきた岩崎

深圳《シンセン》工場の取材から丸四年。

深圳《シンセン》工場ではそのあいだにタンクの増設、製造ラインの追加などが行われ、生産状況もずいぶんかわってきた（当時は瓶《びん》が二ライン、缶が一ライン、樽が一ラインであったが、現在は瓶《びん》がひとつ増えて三ラインとなり、フル稼働中）。また、売上のほうは、やはり青島啤酒《チンタオビール》が主流ながら、アサヒブランドも順調に出荷量が伸び、右肩あがりだ。

取材当時、総経理だった岩崎は、二〇〇一（平成十三）年九月に「国際事業本部本部長」の辞令がおり、東京にもどってきた。現在は中国にかぎらず、米国、欧州、アジアと、アサヒビールのすべての国際事業を常務執行役員、国際事業本部長として担当している。

二〇〇三（平成十五）年十一月、東京本社のゲスト・ルームで、スーパードライの生ビールを酌み交わしながら、その後の深圳《シンセン》工場や中国での新事業についての話を聞く。

「アサヒビールの重点市場はアジアだと思っています」

と開口一番、岩崎は言う。

中国におけるビール年間消費量は二三五〇万トン（二〇〇二［平成十四］年）で、アメリカをうわまわり、世界一になるいきおいである。しかしそれと同時に現在、国内的にはビールは生産過剰の状況でもある。今から十五、六年まえはビール消費の急激な増加により、生産が追いつかない時期があった。

「弊社も『中国市場は世界的に見ても有望だ』ということで進出しましたが、われわれが進出したころには、消費量と生産量がイーブンでした」

その後も続々と外国資本が入り、地元の啤酒《ビール》会社も生産量を増やしたので、結果として消費量よりも生産量のほうがうわまわってしまった。そうなると小さな啤酒《ビール》会社にとっては非常にきびしい状況だ。当然のことだが、ビールは新鮮なほうがおいしい。そのためビールの物流が発達していなかったころは、地域性が非常に高くなり、消費地に啤酒《ビール》会社ができていた。昔は八百をこえる啤酒《ビール》会社があった。それがどんどん淘汰《とうた》され、現在は中国国内に四百五十社程度になっているという。

「先進国を見ても、ビールは寡占《かせん》なんですね。アメリカも集約されましたよね。それが今、中国でも進行しつつある。大手では青島啤酒《チンタオビール》、燕京啤酒《エンキョウビール》、珠河啤酒《ジュコウビール》。あと、華潤《カジュン》グループ、重慶《ジュウケイ》の啤酒《ビール》、哈爾濱《ハルビン》の啤酒《ビール》などが拡張しています」

深圳《シンセン》工場の最新の生産量は一三・三万トン（二〇〇三［平成十五］年、見込み量）。ちなみに、操業五か月目の一九九九（平成十一）年十二月に取材に訪れた時点では、一・七万トンだった。一年間を通して工場が稼動した二〇〇〇（平成十二）年には八万トンの生産量に達しており、この時点で会社としては黒字が出た。二〇〇一（平成十三）年が一〇・七万トン。二〇〇二（平成十四）年が一二・七万トン。二〇〇一（平成十三）年には、一九九九（平成十一）年以来の累積赤字を一掃した。それ以後ずっと黒字できている。

「運もよかったんですよ。青島《チンタオ》の人たちも一生懸命頑張ってくれました。青島啤酒《チンタオビール》にとっても、アサヒビールと組んだことはよかっただろうと思っています。実際、『深圳《シンセン》工場は青島啤酒《チンタオビール》にとってもモデル工場である』と彼らは言ってくれています。深圳《シンセン》工場は青島啤酒《チンタオビール》の幹部候補生の勉強の場となっているんです。深圳《シンセン》工場で勉強した青島啤酒《チンタオビール》の幹部たちが、拡大路線で買収した啤酒《ビール》会社の総経理になっているケースも少なくないです」

と岩崎は胸を張る。

合弁会社が成長していくと、それぞれが親会社を持っているがゆえに、親会社の方針と衝突する場合が多々ある。岩崎はそんなときいつも、職員に対してこう言ってきた。

「親会社の要求は株主の要求なので、株主と会社のあいだで解決してもらおう。われわれは親から生まれた子どもだ。われわれの目的は、この会社を成長発展させることだ。そのポイントから考えよう。青島《チンタオ》から来た人もアサヒから来た人も、もう青島《チンタオ》のだれだれではないし、アサヒのだれだれでもない。深圳《シンセン》青島《チンタオ》社の人間なんだ、ということを認識してほしい」

一九九九（平成十一）年の取材時には「まだ検討中」だった深圳《シンセン》工場の見学コースだが、今はおおいに活用されている。見学者数自体はそれほど多くないが、営業戦略の一環として定着した。

「販売活動の面でとても効果があるんです。バスを仕立てて流通の方々に見学に来てもらい、『みなさんが売っている啤酒《ビール》は、このようにきれいな工場でつくっています』とPRしています」

環境対策の面でも、脱硫排煙装置をつくったことで、大気汚染対策の模範工場となっている。深圳《シンセン》市から表彰もされた。深圳《シンセン》市は大気の管理に、このところ力を入れている。市の担当部署と技術交流を行い、どのような排煙装置がよいのか何度も打ち合わせを行った。環境局からは補助金も出た。

「今でこそ、中国でも環境対策はあたりまえになりましたけど、ご存じのようにわれわれは初期のころから実施していました」

と岩崎はたしかな自信をのぞかせる。排水もCOD（Chemical Oxygen Demand［化学的酸素要求量］）などの規制が非常にきびしくなってきている。そのためにきびしい基準をもうけて管理している。排水装置は嫌気性排水処理など、日本並みの設備を備えている。

生産ライン ＊

北京工場の開設

二〇〇四（平成十六）年春には出資している北京啤酒《ビール》朝日有限公司の新工場、北京工場が開設する予定だ。瀬戸（当時社長）が中国進出をきめたのが一九九三（平成五）年で、今年は十一年目。

「ちょうど十年たって、いよいよアサヒの中国事業も第二ステージだなという感じです。つぎの十年は、もっと飛躍しようという思いがあります」

その節目に「グリーン北京工場プロジェクト」がある。北京啤酒《ビール》朝日有限公司は、アサヒビールと北京市政府とが合弁で行っている事業だ。かつて北京啤酒《ビール》は大変なブランドで、「北京啤酒《ビール》でなければビールではない」というほどだった。北京には「五星啤酒《ビール》」というビールもある。北京啤酒《ビール》が兄貴なら五星啤酒《ビール》は弟といったイメージだ。

「現在出資している五会社は深圳《シンセン》、煙台《エンダイ》、杭州《コウシュウ》、清源《セイゲン》と非常によくやっているなか、伝統ある北京啤酒《ビール》はむずかしかった。設備には六十年以上まえの部分もあったんです」

もともと国営の工場なので、社宅や幼稚園、病院、お風呂もある。そうすると職員の家族も、近所に住む人もみんなお風呂に入りに来た。よくもわるくものんびりムードだったことは否めない。

改革・解放が終わったあと、「おらが村にも啤酒《ビール》会社を！」という動きが始まった。そうして急成長した代表格が燕京啤酒《エンキョウビール》だ。国営気質がのこっていた北京啤酒《ビール》と五星啤酒《ビール》の隙間をぬって、燕京啤酒《エンキョウビール》が一気に市場に進出してきた。胡洞《フートン》と呼ばれる昔の北京下町の路地の入り組んだ地域があるが、燕京啤酒《エンキョウビール》はそのような場所へ、リヤカーで〝どぶ板営業〟をしてまわった。そして胡洞《フートン》の角にあるお店に自社啤酒《ビール》を一箱ずつ置いていった。

「その結果、最終的に燕京啤酒《エンキョウビール》のシェアは八〇パーセントになりました。二番手が五星、三番手が北京啤酒《ビール》でした」

その苦い経験から、北京啤酒《ビール》と一緒に仕事をしたことで学んだことも多いという。

「なぜダメだったかを徹底的に総括して、改善していきました」

二〇〇八（平成二十）年に北京オリンピックが開催されることも、今回の「グリーン北京工場プロジェクト」にとって好都合だ。昔からある北京啤酒《ビール》の工場は、市内のまんなかに位置している。そこに、北京市の『二〇〇八年までに市内の工場を郊外に誘致しよう』という再開発プロジェクトがはじまった。

「だから、移転するかわりに移転補償をしてほしい、と北京市にお願いして了解してもらいました。合弁企業の移転に補償を出すというのは、中国でも非常にめずらしい事例のようです。相談役の瀬戸が中国におもむき、中国政府の老朋友《ラオポンユー》（昔からの友人）の方々に新北京啤酒《ビール》に対する熱意を伝え、『アサヒの瀬戸がそんなに言うなら』ということで実現したんです」

二〇〇三（平成十五）年十一月の時点で、北京工場の建屋は完成し、屋内設備のすえつけ工事に入っている。工事現場も深圳《シンセン》工場のときとはちがって近代的。現場にはきちんと囲いがあり、工事担当者の宿舎や建設事務所も非常に立派なもの。

「環境・安全にとても配慮した建築現場ですよ。深圳《シンセン》のときは、わたしたちは村の公民館ではたらいていましたから（笑）」

二〇〇四年五月には初の出荷を予定している。開業式は生産が落ち着いた時点で実施する方向だ。

「瀬戸も言っていますが、今回の『グリーン北京工場プロジェクト』は中国のビール事業の総決算であると思っています。ベストな環境、オペレーション、人員などで体制を組み、これで成功すればわれわれの中国事業におけるさらなる成功の基礎ができる。だからつぎなる十年はもっと素晴らしい夢が描ける。瀬戸の情熱がなければ、この『グリーン北京工場プロジェクト』はなかったと思います」

と岩崎は断言する。

日本各地の工場、さらには海外でのアサヒビールのノウハウの提供現場、そこには、掲げられた目標に向かって情熱を注ぎ、〝感動の共有〟を目指す人たちの姿があった。それぞれがそれぞれの役割を果たし、そしてその先の夢を描いている。環境対策のみにかぎらず、アサヒビールではたらく人びとの底流には共通の意識があるのかもしれない。

「池田（代表取締役社長）の言う、『お客さまの目線、現場の目線を持つようにすること。現場がいなければわれわれ本社の存在はないんだ』という意識を、忘れないように大事にしています」

と岩崎はぐっとグラスのスーパードライを飲みほしながら、締めくくった。

（二〇〇三［平成十五］年十一月七日取材）

■深圳《シンセン》工場データ■

所在地■広東省深圳《シンセン》市寶安区松崗鎮供橋頭村。

敷地面積■一〇万九〇〇〇平方メートル。

職員数■従業員約三百八十名。

操業開始年■一九九九（平成十一）年七月。

年間生産量■十二万七千トン（二〇〇二［平成十四］年製造実績）。

■語り手■

岩崎次弥　一九四四（昭和十九）年生まれ。五十五歳（当時）。常務執行役員、国際事業本部長。メーカー勤務を経て一九九〇（平成二）年にアサヒビール入社。ロンドンで、アサヒビール直営ゴルフ場設立に携わった。一九九四（平成六）年、最初の中国事業にも携わる。樋口会長（当時）の秘書などを経て、中国代表部へ異動。現在に至る。「総経理」は日本でいう「社長」。

丸田公成　一九五四（昭和二十九）年生まれ。総工程師。現北京工場建設事務所長。茨城工場などを経て現在に至る。

鈴木　清　一九四七（昭和二十二）年生まれ。工程副部長。現茨城工場エンジニアリング部副部長。北海道工場、東京工場を経て現在に至る。

中国のスーパードライ（舒波乐《シューバーラー》）

あとがき対談

瀬戸雄三（取締役相談役）
池田弘一（取締役社長）

環境保全型企業をめざして

――瀬戸さんが社長時代、トップ・ダウンで、「これからは、環境対策をやるぞ！」と号令をかけられたとか？　現場はそう証言していますけども……。

瀬戸　一九九二（平成四）年、業績がフラットになりました。それをふたたび上昇気流に乗せるにはどうするか、ということで、スーパードライをもっとも新鮮な状態でお客さまにお届けしよう、と決めました。このフレッシュ・マネジメントを展開していった結果、一九九三（平成五）年の八月から、ふたたび売上が上向いてきたんです。それを機会に、今度はスーパードライにフォーカスをする、という戦略を立て、さらにスー

池田社長（写真左）と瀬戸相談役（写真右）

パードライの力を強めるための作戦を展開していったわけです。企業というのは強くなる、大きくなる、というだけでは、社会的認知をされないわけですから、社会から〝いい企業〟と認めていただくためには、いろんなことを多角的に行なっていかなければならない。そのひとつとして、「アサヒビールは環境対策に取り組むべきではないか」という考えが、当時の経営陣のあいだで起きたわけですね。ですから、わたしひとりがそれを提唱したわけではなくて、経営陣の総意でもって、環境対策にのりだしていこう、と。そうすれば、企業が発展すると同時に、アサヒビールは社会環境の改善、保全に力を入れている企業なんだ、と社会から認知をされるのではないか……こういうことです。

「ゴミは完璧《かんぺき》にゼロ！」——茨城工場

瀬戸 それではなにがわれわれにとって、一番手みぢかに着手しやすい方法であるかといいますと、まず工場から一切のゴミを出さない、こういう結論が出たわけですね。それじゃ、どこの工場から始めるか、ということになりますと、当時の最新鋭である茨城工場。ここから着手していこうということで、茨城工場を「ゴミゼロ」工場の第一ターゲットに選んだ、というわけです。一九九六（平成八）年の一月に決定して、一年間でそれを達成しよう、ということをトップ・ダウンで流しました。すでに現場のほうは、当時、九八・五パーセントまでは再資源化ができていたわけです。のこりのわずか数パーセントのところができない、と。これをなくすにはどうするかということで、工場のなかで検討が重ねられていきました。当時、とても一年ではできない、と工場のスタッフは言っていました。

——みなさん本当にそう思われていたようですね。

瀬戸 ところが当時の勢いというのもずいぶんあったとは思いますけれど、彼らが非常に燃えましてね。その数パーセントの処理方法を、自分たちで考え、自分たちで実行していく、という試行錯誤を繰り返しながらやってきたのが、分別処理なんですね。非常に基本的なことなんです。この分別処理ができないと廃棄物の再資源化はできない。非常にきわめて原始的、基本的なことがわかって。おかげさまで一年待たずして十一か月間でそれができた。やはり、現場の諸君の創意工夫の成果であると、わたしは思います。

業界に先駆けて環境コマーシャルを制作

瀬戸 そしてその成果を、われわれはコマーシャル・フィルムで世に問うたわけです。「ゴミゼロ工場」というタイトルでコマーシャルをつくった。これがすごく評判がよかったのです。

——現場の人もそのコマーシャルを見て、「えっ！　おれたちこんな大切なことをやってるのか」と再認識された。

瀬戸　そう。コマーシャル・フィルムを流しているときに驚いたのは、インターネットでずいぶんいろんな意見が寄せられたこと。それらの意見を集約すると、今まで食品会社であれメーカーであれ、企業のコマーシャルは、「もっと買ってください、もっと食べてください、飲んでください」という類のものが多かった。でも、はじめて企業が環境に対して関心を持っている、環境に対しての関心を喚起する、といったコマーシャルをつくった。このことに消費者としては非常に感銘を覚えた、というご意見がお客さまからずいぶん寄せられたんです。

——食品会社ではじめての環境コマーシャルだったのか、あるいは、ほかの企業を含めてははじめてだったんですか？

瀬戸　ほかの企業も含めて。当時おそらく環境問題にこれほど取り組んで、かつ、それを広報宣伝した、という会社はアサヒビールがはじめてだと思います。その結果としてどんなことが起きたかというと、競合他社さんがすぐ反発してきました。「われわれはもっとまえからやっていた！」と、いろんなところで言いだしました。そうであれば、あなた方、どうして世間に向けて発信しなかったのですか、世間に言うことによって、社会全体が環境問題に関心を持つじゃないですか、という反論をしたわけです。

――競合他社さんがゴミゼロはおれたちが先にやったんだ、と言いだしたわけですね。

瀬戸　もっとも、こんなこと一番、二番を争う問題じゃない。「われわれは一番だからえらい」とか、「業界に先駆けて環境問題に取り組んだ」なんてなにも言っていない。われわれのやったことが、社会にどういい影響を与えるか、ということがわれわれのコマーシャルをつくった主眼である、と。そういった意味において、外に対して非常にいい影響を与えたと思っています。そして内部では、コマーシャル・フィルムを流したことによって、自分たちがやったのは非常に正しいことだったんだ、という認識が社内に巻き起こったわけです。これはどういうことに影響したかっていうと、ほかの工場でも「われわれもやろう！」という意識が湧いてきたわけです。もうひとつ、社員全体がそれぞれの地域社会においても、環境問題に取り組まなければいけない、取り組むことによって、世間から賛同が得られるんだ、と考えるようになった。このふ

瀬戸雄三 *

たつの効果があったと思います。たとえばそういうコマーシャル・フィルムが流れ、マスコミに広報することによって、外国からもいろんな方が工場にこられました。環境問題についての取り組みを視察したい、と。ブルガリア、フランス……そういったところから環境問題の視察団がこられた。茨城工場の従業員は、もちろんやってきたことに対して自信を深めますが、それだけでなく、同様にほかの工場が刺激される。こういったいい循環ができたわけです。

——すべてプラスに作用したわけですね。当時の池田さんは、どういうお立場だったのですか？

池田　わたしは、当時は九州の地区本部長でした。九州は当時、おかげさまで全国よりもシェアが高かったということもありまして、全国に先駆けて、九州がシェア・ナンバーワンになろう、と意気ごんでおりました。ちょうど、一九九七（平成九）年に九州地区が、ありがたいことにシェアトップとなりまして、ちょうどこの年に「ゴミゼロ工場」

池田弘一 ＊

のコマーシャルが流れました。

瀬戸 はじめは、こういうことに取り組んで、これほど大きな反響が得られるとは、わたしたちも期待していなかったんです。

——それは九州の現場にいらしても思われましたか？

池田 ええ思いました。本当にコマーシャルの話題が、いろんな商談の場で出たということを営業の現場の人たちが言っていました。当時はいろんな場所で、さまざまなゴミの問題が表面化しつつあった時代でしたから。なおさら関心をもってコマーシャル・フィルムを見ていただいたというのはあるでしょう。

環境保全型企業としてのバックグラウンド
——庄原林業所の「アサヒビールの森」

——コマーシャルといえば、つぎに流された庄原の森のコマーシャル（アサヒビールが広島県庄原市周辺に所有している広大な森林＝アサヒ・エコ・ブックス6『アサヒビールの森人たち』参照）は、残念ながら「ゴミゼロ・キャンペーン」にくらべれば、反響がいまひとつだったような気がするんですが……。

瀬戸 あれは、環境コマーシャル第二弾として、力を入れたかったんです。割合いいタッチ

でできたんですが……。「アサヒビールは森もつくっています」というテーマでつくったんです。このテーマは非常にいいと思ったんですけども……。ちょっと、自然そのものを表に打ち出しすぎたんで、インパクトがなかったのかなあ、と。

——いまひとつ視聴者に理解してもらえなかったんですね。

瀬戸　もっと露出が大きければ、あの時点で、森林であるとか、空気であるとか、根本的な意味での環境に対する関心が深められたんだと思いますが、露出が少なかったんですよ。それに、われわれモノづくり、メーカーであるという呪縛にとらわれすぎてコマーシャルを制作したことにも原因があったのではないかと思います。ゴミゼロ工場は生産現場の問題ですから、メーカーにとって、割合、マトを得てますすね。ところが森というのはメーカーのイメージに直結しなかった。

――「アサヒビールの森」には、庄原市周辺に住んでいるおじいちゃんや壮年世代の二十人ほどの方たちが、その管理のためにはたらいていらっしゃるんですが、CFは森人であるあの方たちの励みにはなりましたね。ゴミゼロのCFが工場現場の人たちにインパクトを与えたという先ほどの瀬戸さんのお話とおなじように、下草刈りや枝打ちなどの孤独な作業を、森のなかで毎日、もくもくとやっているあの方たちは、あのコマーシャルを見て、「この森のなかで、わたしたちがやっていることは、大切なことなんだ」と再認識したと異口同音

アサヒビールの森人たち

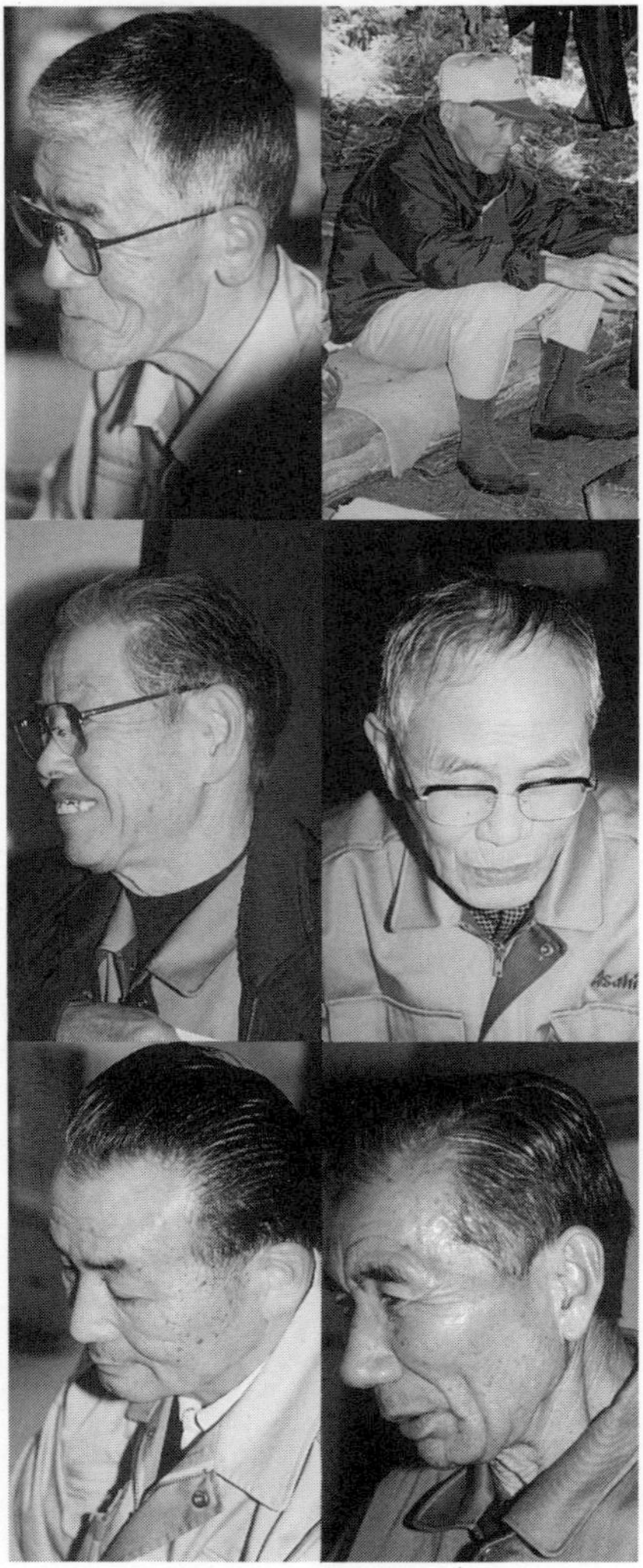

庄原林業所

に語っていらっしゃった。それと、全国の林業関係者には、とても好意的にあのコマーシャルは受け入れられた。でも、一般の視聴者と工場の現場には、いまひとつインパクトを与えなかったということですが……（つぶやくように）いいコマーシャルだったのになあ。

瀬戸　工場はわれわれ社員にとって身近な存在ですけども、庄原の森は、やはり行ったことがない社員が多い、ということで。あそこに行った人はみんな「いいな」と思うんですが……。ちなみに、池田さんの場合は、広島勤務の経験があります。

池田　わたしが広島支社に支社長として赴任したのが、一九九三（平成五）年の九月三日でした。当時の社長の樋口から突然電話がかかってきまして「日曜日、あいてるか？」と。「あいています」と言ったら、「いや、じつは庄原へ行きたいんだ」と。わたしも庄原林業所へ行ったことがなかったものですから、「ぜひお供させてください」ということで「アサヒの森」へ行ったんですね。樋口が庄原林業所の現場を見たいと言ったのは、なにかもっと活用方法はないか、という視察が目的でした。そうして庄原林業所で待ちあわせましたら、所長が長靴を用意しておりました。それにはきかえさせられ、車を四輪駆動にかえて……。当時は事務所も古いままで（今は、オシャレな新社屋になっている＝編集部注）。こんな格好しなきゃいけないところなのか、と樋口もびっくりしましてね。

――庄原林業所は十五か所にちらばっている二一六九ヘクタールの山林を管理しているわ

藤川光昭所長

アベマキ

けですが、そのうちの赤松山と戸谷山にいらっしゃったんですね。

池田　そうです。歩いていきますよね。えー、こんなにのぼるのか?!　と愕然としながら、上にのぼるにしたがって樋口もわたしもだんだん言葉が少なくなって（笑）……。山の頂のほうまで「アサヒの森」はありますからね。所長の話を聞いていて、植林というのはこんな大変なことなのかと……初代の所長から、今の藤川光昭四代目所長の時代まで、ずっと木を植えつづけてきた。でも、製材するにはあと三十年か四十年かかるということです。ずいぶん気の遠くなるような話です。それから地元に若い人がいないんで、従業員の方は高齢化してしまって、森のなかの大変な作業を、その人たちがやっている。そう、そう、なぜビール会社が森を持っているのか？　と疑問に思われる方もいらっしゃると思うので、ちょっとご説明もうしあげておきます。戦前、大日本麦酒の時代に、ビール瓶《びん》の王冠にはコルクを使っていたのですが、ポルトガルを中心に地中海沿岸のいくつかの国からコルク樫を輸入して使っていたのが、戦争がはじまってそれが手に入らなくなった。あの森には、コルクの代用品となる木が生えていたのです。

――広葉樹、ブナ科のアベマキですね。

池田　いまはコルクのかわりにポリエチレンを使うようになっていますが、当社ではその後もスギやヒノキを植林して大事にしてきました。でも、アサヒビールの経営が苦しい

時代になっても、先輩たちは山を手放さないで植林をつづけたという話を聞いて、アサヒビールはすごい会社だな、そういうふうに感じました。そして実際に自分で現場に行ってみて誇らしい気持ちになりましたね。それが今の時代になって正しいことであったと評価されるというのは、われわれの先輩があのとき、のこしてくれたからだと思いますね。

——今日、世のなかは環境保護、環境保全の大合唱。そこで、企業の環境対策が脚光を浴びていますけども、そんな世の中の動きに関係なく諸先輩の時代から、自社所有の森を大切にする流れがあった……アサヒビールが環境対策に本格的に乗り出すことを決心なさった一九九〇年代のなかばに瀬戸さんをはじめ当時の経営陣たちが、大号令をかけられた。アサヒビールが環境保全型企業として日本を代表する企業のひとつになった、そのバックグラウンドとして「アサヒの森」は、非常に大きな役割を果したということですね。

「ノンフロン化」も徹底的に——名古屋工場

瀬戸　各工場が「ゴミゼロ」を達成し、つぎに取り組むものはなんだ？　ということになりました。つぎはやはりノンフロン、それからコジェネレーション。こういったことが環境に非常にいい影響を与えるポイントである、という結論に達しました。そこでまずノンフロンに取り組もうということになったわけです。今までの冷媒を全部アンモニアにかえなければならないんですよ。これには大変なコストがかかります……利益をあげなきゃいけない企業体として、そこまで環境対策にコストをかけていいものなのか、という経営者としての疑問があったわけです。しかし、当時、アサヒビールはおかげさまで業績がぐんぐん伸びていましたし、今でいうキャッシュ・フローも出てきていました。そのなかからの投資は、お金の絶対額としては高いけれども、社会への貢献・影響、また「アサヒビールはこういうことに取り組んでいる」というアピールによる産業界への刺激、などを考えると、やはり取り組むべきだと決断したわけです。これはたしかに、メーカーとしてのシンボルとなったと思いますね。

――二工場のノンフロン化実験とその達成は、ほんとお見事、よくぞおやりになった！と、世の中に環境ブームが沸き起こるずっとまえから環境問題をテーマにしている人間のはしくれとして思います。

瀬戸 名古屋工場のような古い工場を変えることは大変なコストにつながるんですけども、最初からノンフロンに取り組めば、そんなに大きなコストにはならないんです。神奈川工場がそのいい例です。

――わたしが感心したのは、大きな機械のノンフロン化のことはさておいて、自動販売機や冷蔵庫やクーラーなど、こまかいところまで徹底的におやりになったこと……そんな細部にわたるまでこだわられた点に感心したんですけども。これまた、ゴミゼロ同様、大変だったらしいですね、最後のつめが。

瀬戸　やるからには、徹底的に。たとえば、「ゴミゼロ」を実行したときの精神。「〇・一パーセントでも、廃棄物を出しちゃいけないんだ」という高いハードルをさだめることで、企業のなかでは改革心が起きるんですよね。「九十点でいいや、九十五点だったら納得しよう」という気持ちは絶対によくない。やるからには徹底的にやる、一〇〇点満点で。こういうことではないでしょうか。

湧き水よりもきれいな廃水?!――四国工場

――アサヒビールの環境に対する徹底ぶりは、すさまじいですね。さらに、四国工場建設に際して、それまでの実験をすべて結集された。四国工場を拝見しましたが、コンパクトになっていますよね。

瀬戸　他工場でも排水基準を大きく上回る排水処理を行っていますが、四国工場は、あの美しい瀬戸内海に水を流すわけですから、石鎚山の水を使ったあと、採った水よりもきれいにして流す、というすごい目標をたてました。そうして、薄葉さん（当時の副社長）が、工場の排水でメダカを飼う実験をするまえに自分で飲む、というパフォーマンスをやらざるをえない、そんな状況になりました（笑）。

——排水まえの水槽に、水が汚いとすぐ死んでしまうメダカを泳がして、いつも係の人が見てますものね。ああいうのは感心しますね。

古墳をめぐって——博多工場

池田　工場をまわると、どこも、なにか自慢のタネがあるものです。博多工場の古墳だとか……。

——博多工場は敷地内のあの古墳を、非常に大切にしていらっしゃる、あの精神はお見事だと思います。

池田　たまたま、学生時代にあの古墳を見る機会があって、そのあとビールをタダでご馳走になって、ビール会社に入ったら、出世はしなくても、ビールは飲めるな、と思ってアサヒビールにわたしは入社したんですが……（一同大笑い＝『六章　敷地内の古墳を大切に守る』八〇ページ参照）。

——瀬戸さんからも、「好きなビールが飲めるからアサヒに入った」というお話をまえにうかがったことがありますが、池田さんも、アサヒビールに入られた動機が、そっくりじゃないですか（笑）。

池田　わたしの場合は、最初の配属も、博多の工場でした。一年間は見習いみたいなものでしたが、工場見学の接客係をやりました。そのときに、かならず、古墳を見ていただきますよね。そうすると、本当にみなさん、「えっ?!」っていう感じでしたね。

――わたしもそのひとりでした。以前、一九六〇年代に、『ホロニガ』（その昔、発行されていた有名なアサヒビールのPR誌）の編集の手伝いをやらせていただいている時代、取材で博多工場におうかがいしたときに、あの古墳をはじめて拝見して、ビール工場と古墳という組みあわせに、びっくりしました。当時は、ぜんぜん環境保全問題など、だれも騒いでいませんでしたけどね。この会社はちゃんとした会社だ、と納得したのを覚えています。ヤマタメさん（山本為三郎。一九四九［昭和二十四］年に、大日本麦酒がGHQの指令で日本麦酒［現サッポロビール］と朝日麦酒［現アサヒビール］に二分割させられたときの初代社長＝編集部注）が熱心に開かれたアサヒビール・コンサートをはじめ、あの大人物――わたしも、何度かご尊顔を拝見したことがありますが――が率先して芸術・文化活動を支援されたアサヒビールの〝文化の流れ〟を、後進たちが大切にされた精神が、今日のアサヒビールの環境対策に生きていると勝手に解釈しています……そう言えば、瀬戸さんは、ヤマタメさんの薫陶を直接受けられた最後の世代ですね。こういうふうに分析すると、昨日、今日、突然、アサヒビールが環境保全型企業になったわけではないということが、よくわかる。

もくもくとゴミを拾う人たち——福島工場

瀬戸　福島工場は五千百十五日間の無災害記録が自慢です（二〇〇三［平成十五］年十二月末現在）。

——そう、そう。工場におうかがいしたとき、工場の方はそのことを誇りにしてらした。あそこは、敷地のまわりをとりまく道路が、何キロかありますよね。取材に行ったとき、工場の方たちは、そうした敷地の外の道路までもくもくとゴミを拾っていらした。それが心にのこりました。

名古屋工場でもくもくとゴミを拾うOB

瀬戸　それはどの工場もそうなんです。

——西宮工場では、OBや関連会社の方たちがボランティアで掃除をしていらした。終了後は、ゲスト・ルームで和気藹々《わきあいあい》とみなさんがビールを飲んでいらしたのが、ほほえましかった。ゴミ拾いと言えば、とくに印象的だったのが、名古屋工場。やはり、もくもくとゴミを拾っている方がいらっしゃるんですよ、七十歳くらいの方で。「失礼ですが、業者の方ですか？」と聞くと、「いや、わたしらはOBなんですよ。暇なんでときどき工場にやってきて掃除をしています」と。ほんとに好きでおやりになっているんだ、と思いました。そういう社風はすごいと思います。

瀬戸　ほんとに、工場が好きなんですね。ビールが好き、会社が好きな人が多いですね。自分たちの好きな会社を、どうしたらよくできるだろうか、とつねに考えている人が多いということじゃないでしょうか。

贅沢《ぜいたく》すぎる？——神奈川工場

——神奈川工場……すべての集大成ですね……環境問題だけにしぼっても、西宮工場のトンボ池からはじまった流れは、神奈川工場の池でホタルの幼虫を育てているところまでつながる。

瀬戸　神奈川工場というのは、今までの工場の集大成。あそこでは、とくにグリーンがテーマだった。神奈川県は、工場敷地の緑化率を五〇パーセントと指定しているわけです。だからそれに従わなければいけない。しかし、そんなことをあらためて言わなくても、まわりはすべてグリーンなんですよ。だから、あれは法律的に矛盾していると思うんですが……それはともかく、結果的には緑化率五〇パーセントで工場を建設した。さらにまわりがグリーンで、まさにグリーンのまんなかにポツンと工場がある感じになっています。静かな森のなかで、粛々《しゅくしゅく》とビールをつくっている……。

――ゲスト・ハウスのデザインは安藤忠雄さん。裏側は普通の工場ですけど、表から見ると、どう見ても工場には見えない。百歩譲っても、日本の工場とは思えない……あの景観はどうですか？　アメリカ、カナダなどで、ときどき見かけるような、どちらかというと大陸型の工場。あちらは広大な国土があるわけですが、日本のせまいスペースで、大陸型の設備をつくるのは、すごいと思います。それから、もう一点。どう見ても、メーカーの工場とは思えない。コンピューター会社か、ソフトの会社って感じ……池田さんは、竣工式はいらしたのですか？

池田　もちろんです。この工場は自慢できるな、と正直思いました。まあ、ちょっと贅沢《ぜいたく》すぎるんじゃないかなあ、とも……（笑）。

瀬戸　茨城工場が、そもそも贅沢な工場なんです。みなさまに見ていただく工場。そういう工場は茨城かぎりにしよう、ということで、そのあとつくった四国はずいぶん実務的になっています。非常にコンパクトで採算を考えた工場です。

――たしかに、四国工場は、機能的な工場ですね。でも緑豊かな庭に池があったり、庄原林業所から持ってきた太いスギの木をビアホールの柱に使ったりするこまやかな配慮もなされていますね。

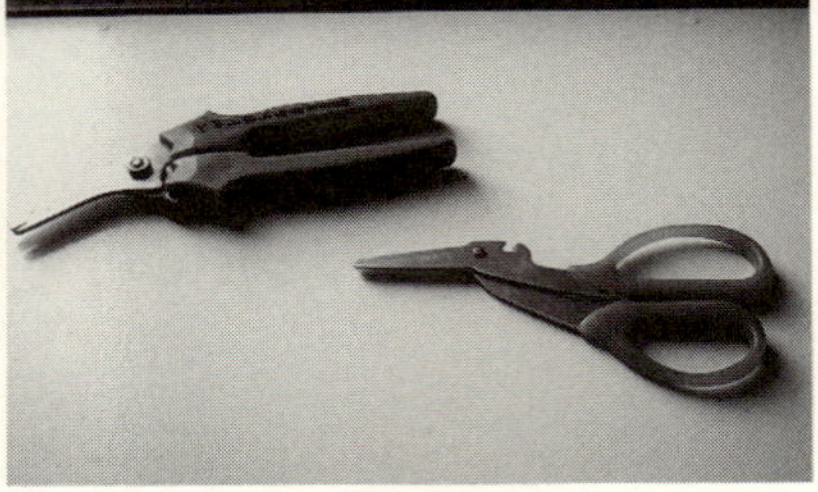

使い古した小さなハサミやナイフなどを……

瀬戸　そこらへんに、われわれの一貫した取り組みがあらわれているわけです。

――環境対策に対する配慮はがっちりしたうえで、機能最重視でおつくりになった。そこで終るはずが……？

瀬戸　ちょっと贅沢《ぜいたく》な工場をさらにつくる指令を出したのはだれだ?!（笑）

池田　神奈川工場は、緑化率が五割だから一見ずいぶん贅沢《ぜいたく》に見えます。でも工場内の設備は、非常に工夫してつくっているんですよ。今でも効率化のためにいろいろ新しい機械を入れています。

――たしかに、「ちょいと見」では贅沢《ぜいたく》な感じばかりが目立ちます。でも、不必要な照明を徹底的に消すというのはほんの一例ですが、工場を管理するにあたってすさまじい経費節減と効率化の努力をしていらっしゃる。それから、アサヒビールのすべての環境対策がここにきて集大成をむかえたな、と感じるのは、社員の意識。ゴミの分別時に瓶《びん》のラベルをはがすのに必要な小さなハサミやナイフなど、ちょっとした小道具の使い古したものを、大切に保管するように心がけていらっしゃるのを現場で目撃して、ああ、アサヒビールの環境対策はつけ焼き刃じゃないぞ、と本当にわたしは思いました。もうひとつ。各地の工場で多くの方がこうおっしゃる。「会社の徹底した環境に対する取り組みが日常生活にまで影響している。今までは分別なんかあまり考えなかったけれど、家に帰ってもゴミの分別を自然と丁寧にしたり、節電をしたりするのが習慣になってきました」と。家族にもそうさせる。そのうち、近所にまで広がっていくといういい循環が生まれているようですね。アサヒビールの環境対策は、こうした隠れたところでも、かなりの社会貢献をしているように思えますね。

池田 じつは本社の環境対策が一番遅れているのかもしれません（笑）。

期待高まる中国進出

――瀬戸さんの社長時代からの念願である北京啤酒《ビール》の新工場が二〇〇四（平成十六）年、いよいよ稼動しますね。生産開始が四月の予定とか……これについてはいかがですか？

瀬戸 中国では、もっとも経済成長の高い沿岸部すべてを、わたしたちの出資する工場でライン・アップして、市場を構築していこう、という戦略でやってきました。北は北京から南は深圳《シンセン》まで、五工場あるわけですが、一番ネックになっていたのが北京工場であって、のこり四工場の利益を、これまで全部北京工場が食っていた、という状況でした。その北京をどうするかというときに、たまたま、二〇〇八（平成二十）年の北京オリンピック開催に向けて、北京市内から一切の工場を郊外に出す、という北京市当局の指導があったんです。それにともない、郊外に工場をつくることになりました。いろいろと市当局との交渉には、紆余曲折《うよきょくせつ》があったにせよ、郊外にいい土地が見つかりました。いい土地は、まず水が豊富であること。水質がよくて豊富であるというのは、ビール工場を建てるうえで必須条件です。中国では水の確保は非常に重要で、それを満たしてくれるいい立地が見つかったわけです。北京市は今、「グリーン北京」を標語にして動いています。環境に非常に敏感になってきているんですね。そこでわれわれは、「グリーン北京工場」をキャッチ・フレーズにしています。ここも緑をいっぱい散りばめた工場にする、という青写真です。これまでの中国の工場というのは、緑とか環境とかに対しては、あまり配慮していなくて、広い敷地のなかに工場がポツンとあるようなところばかりでした。われわれはそこに、水と緑をきちっと備えつける、ということです。外観はそんなふうですが、なかはノンフロンと排水処理と省エネルギーと、この三つを完全にする、ということで今進めております。

——環境の視点から見ると、神奈川工場などに比べて、どれくらいの格差がありますか？

瀬戸　新北京工場は、ほぼ日本の環境基準とおなじじゃないでしょうか。

池田　基準はむしろきびしいくらいなんですよ。ところが、環境保全設備などのハードはすぐできちゃうんだけれども、それを実行するソフトの部分が、新工場を動かしてみないとなかなかわからない。

瀬戸　神奈川工場が、国内の工場の集大成であれば、今度の新北京工場も中国事業の集大成なのです。

——今日も本当は、おふたりおそろいで中国にご出発のご予定だったとか？

瀬戸　中国事業を池田さんに引き継ぐわけですが、そのためには、政府の要人との交流も引き継がねばならない。本日の予定は、たまたまキャンセルになりましたが。

池田　わたしも、こっちから行っている社員の考えはいろいろ聞いているんですが、実際に売ってくれている中国側の声を聞きたいな、と。

瀬戸　中国ビジネスの第二創成期です。

――そうですね、第一期が終わり、いよいよ池田さんによって、第二期の幕開けとなるわけですね。

将来に向けた環境ビジョンについて

――瀬戸さんをはじめ諸先輩たちの過去の実績を踏まえたうえで、池田さんがお持ちになっているビジョンとは？

池田　アサヒビールは、いい先輩にめぐまれて、いい企業風土でもってきている。だからつけ焼き刃でないな、と四十年近く会社にいて今も感じます。環境問題にしろ、コンプライアンスにしろ、どうもおなじことじゃないのか、と思うんですね。わたしは社員に対して、「お客さまの立場に立ってお客さまの目線でいろいろ考えて動こう」と言っていますが、結局、環境問題もそれが一番なわけですよね。要するに、環境に配慮していない、環境をつねに意識していない企業というのは、消費者から見ると、とても受け入れられない。逆に言うと、環境対策は企業が社会で長く発展して受け入れられる、インフラになってきたんじゃないかな、と思うんです。「とりあえず」ではなく、その行動があたりまえの企業活動としてやっていけるようにならないと、これからのお客さまや、社会に受け入れられない企業になる。われわれの会社が環境保全型企業へ、いち早くなれる下地を先輩方につくっていただいたんで、そのやり方でしあげていきたいな、と思います。

——今や環境もビジネスになる時代だということですね。どこかの企業がバァーッとユニークな活動をなにかはじめれば、ほかも後追いをして「二匹目のドジョウ」を狙う会社が多い……パイオニア・ワーカーが少ないというのが日本の企業風土の欠点であるというのは、かねてからの持論なんですが、環境もビジネスに直結するんだ、という認識が広がったから、あわてて「環境、環境」と騒いでいる企業が、昨今、多いようですが。

瀬戸　いまの時代、企業を評価する世間の目というのは、商品や売上といったものだけではなくて、その企業全体からかもし出されるいろいろな総合的な雰囲気なども含めて企業を評価すると思うんですね。企業を評価するファクターとして、「環境」というのは、今までは小さかったけども、これからどんどん大きくなる。だから環境問題に真剣に取り組めば、世間から評価をいただけるし商売にもつながる、こういうことだと思います。

――アサヒビールでは、二〇〇四（平成十六）年現在、環境社会貢献部と名乗っていますが、企業のいわゆる環境部門は、今や企業で大切な位置を占めるようになったと思うんです。ここから先の見解は独断と偏見に満ちあふれた誤解を招きやすいものだと思いますが、もう一点、企業の環境部門の役割がある。ずばり、それは、〝企業内の環境C－A〟役。ものをつくる会社では、どんな生産物であれ、その生産過程で、廃棄物がかならず出る、排水だとかゴミだとか。その廃棄物処理を末端の生産現場がどう処理しているか、こと細かくいつも見張っていて、その現状をトップに直接報告して、改善策を具申する役目も重要だと思うのですが。そういう大きな役割も企業の環境部門は担うようになってきたんだなと思います。極端に言うと、社長室直轄の組織にしてもいいとすらわたしは思います。問題が拡大して世間が騒ぐ段階になるまで、社内の末端の思わぬところでなにが起きているのかトップが把握していなかったばっかりに、社会問題となったケースがここ数年見受けられました。まあ、あれだけ完璧《かんぺき》な環境対策をとっていらっしゃるアサヒビールの場合は、こんなことは杞憂《きゆう》でしょうが……。自社工場が、ちょろっと有害な汚水を流していたとする。それを消費者が知ったら、今はそれだけで、その社の生産物は売れなくなる時代……若造が生意気な御託を並べて失礼いたしました……進行役としては、やってはいけないことをやってしまいました……それでは、最後に『あとがき対談』の締めとしてお二人から、ひと言ずつ……。

池田　今日の対談で瀬戸さんから最大の引き継ぎを受けたなあ、というのが正直な感想です。なかなかこういうふうに話をする機会がないものですから、そういう意味では一番いい引き継ぎをさせていただきました。

瀬戸　当社は、自然の恵みをいただいて、それを原材料にしている企業なんです。ビールの場合は、水、麦、ホップ、それから酵母。全部、自然の恵みなんですね。その恵みをうまく組みあわせてつくり出したひとつの芸術品……というとオーバーですけれども、そうした類の飲み物なんですね。だから当然われわれは自然に対してそのお返しをしなければいけない。そういう気持ちをみんなが持っているかぎり、わたしどもの企業は発展していくのではないか、と思います。一切の不純物が入っていないんですよ、ビールというのは。すべては自然の恵みから。これこそが原点だと思います。

進行　礒貝　浩（アサヒ・エコ・ブックス・プロデューサー）

（写真左から）秋葉　哲アサヒ・エコ・ブックス担当者　池田社長　瀬戸相談役　礒貝　浩進行役

瀬戸雄三　一九三〇（昭和五）年二月二十五日生まれ。慶応義塾大学法学部卒業。一九五三（昭和二十八）年　アサヒビール入社。一九七六（昭和五十一）年　神戸支社長、一九七七（昭和五十二）年　理事　神戸支社長、一九七九（昭和五十四）年　理事　営業第一部長、一九八一（昭和五十六）年　取締役　営業第一部長、一九八二（昭和五十七）年　取締役　大阪支社長、一九八六（昭和六十一）年　常務取締役　大阪支社長、一九八六（昭和六十一）年　常務取締役　営業本部長、一九八八（昭和六十三）年　代表取締役専務取締役　営業本部長、一九九〇（平成二）年　代表取締役副社長　営業本部長、一九九〇（平成二）年　代表取締役副社長、一九九二（平成四）年　代表取締役社長、一九九九（平成十一）年　代表取締役会長、二〇〇〇（平成十二）年　代表取締役会長兼CEO、二〇〇二（平成十四）年　取締役相談役。

池田弘一　一九四〇（昭和十五）年四月二十一日生まれ。九州大学経済学部卒業。一九六三（昭和三十八）年　アサヒビール入社。一九九〇（平成二）年　埼玉支社長、一九九二（平成四）年　理事　埼玉支社長、一九九三（平成五）年　理事　広島支社長、一九九五（平成七）年　理事　九州地区本部長兼中国地区本部長兼四国地区本部長、一九九六（平成八）年　取締役　九州地区本部長兼中国地区本部長兼四国地区本部長、一九九七（平成九）年　常務取締役　九州地区本部長兼中国地区本部長、一九九七（平成九）年　常務取締役　営業本部副本部長兼首都圏・関信越地区本部長、一九九九（平成十一）年　専務取締役　営業本部副本部長兼首都圏本部長、二〇〇〇（平成十二）年

専務執行役員　営業本部副本部長兼首都圏本部長、二〇〇〇（平成十二）年　専務執行役員　酒類事業本部長、二〇〇一（平成十三）年　専務取締役兼専務執行役員　酒類事業本部長、二〇〇一（平成十三）年　専務取締役、二〇〇二（平成十四）年　代表取締役社長兼ＣＯＯ。

資料編

『アサヒECO通信』は、企業体としてのアサヒビールが、一丸となって環境保全型企業の実現を目指す一方で、社員ひとりひとりの環境問題に対する認識を高めるために、環境社会貢献部が、企業文化部生活環境室と呼ばれていたころから、社内電子掲示板を使って、全社員に流している不定期〝環境情報社内報〟である。一九九六年五月一日に始まるそれは、二〇〇三年になってからは『環境かわら版』と名前をかえ、二〇〇三年末までつづいた。社内電子掲示板を使うその方法論といい、内容を環境問題に絞ったことといい〝社内報〟としては、ユニークなものだと言えるだろう。ただ単に情報を垂れ流すだけでなく、いろんな〝現場〟への社員の参加を呼びかけていることが、この〝社内報〟の特徴である。おせっかいを承知のうえで、他企業の環境対策の参考になればという思いもこめて、ここに資料として、できるだけ「原文ママ」の状態で『アサヒECO通信』および『環境かわら版』のバックナンバー（一部省略）を再録する。**（本編のルポと資料編は、「送り仮名」、「使用漢字」などを統一していません）**

アサヒ・エコ・ブックス編集部

『アサヒECO通信』あるいは『環境かわら版』の環境関連情報は、基本的にはそれぞれの号の発行日当時のものです。できるかぎり再調査し修正しましたが、二〇〇四年四月の時点では、すでにかわってしまっている情報が一部含まれていることを、あらかじめおことわりしておきます。事務的な内部連絡情報は全面的に省略しました。なお、『資料編』の写真は、ネット上からの転写のため不鮮明な部分があることを、おゆるしください。

アサヒビール株式会社環境社会貢献部

アサヒＥＣＯ通信

アサヒビール株式会社環境社会貢献部編

「アサヒECO通信」では、私たちの身近な環境問題について「一人一人ができること」を中心として活動プログラムや、当社の環境に対する取り組み、各種団体の活動、環境問題の現在状況など盛りだくさんの情報を掲載します。

アサヒECO通信　第一号　一九九六年五月一日発行

「グリーンマーク」を知っていますか?

「グリーンマーク」は、再生紙を使った製品（トイレットペーパー・ノート・雑誌・コピー用紙等）に付いています。樹をデザイン化したマークが目印です。

当社でもコピー用紙の入っている箱や包み紙に付いています。（再生紙を用いている事業場のみ）

企業文化部・生活環境室にて「グリーンマーク」を集めています。マークの余白を一センチぐらい残して切り取り、事業場で取りまとめの上送って下さい。

集まった「グリーンマーク」は、「古紙再生促進センター」へ登録をして、マークを収集している幼稚園、小学校、中学校、高等学校、町内会、自治会などへ寄贈します。各学校等がある一定の枚数を集めると、同センターから苗木、草花、球根などが贈られます。マークの点数が集まり、寄贈先が決まりましたらご報告いたします。

また「グリーンマーク」を集めている幼稚園、小学校、中学校、高等学校、町内会等をご存じの方は、生活環境室までお知らせ下さい。ご協力をお願い申し上げます。

当社のリサイクルペーパーについての取り組み――名刺は、すべて再生紙を使用しています。

アサヒECO通信　第二号

一九九六年七月三日発行

横浜自然観察の森へいらっしゃいませんか？

「横浜自然観察の森」は三浦半島のつけねにあり、横浜市の南部に位置しています。ここでは、様々な植物や昆虫そして野鳥たちを見ることができます。

木が切られ、身近な自然に親しむ機会も少なくなってきました。自然は豊かな感性や想像力を育ててくれます。ここで、自然の中で生活している多くの身近ないきものたちに、ふれあい、観察し、自然と人間とのかかわり方を学びましょう。

ネイチャートレイル

「息をひそめ、感覚をとぎすませて歩こう」ということから、この森の自然観察路はネイチャートレイル（けもの道）と呼ばれています。「コナラの道」「ミズキの道」「タンポポの道」の三本のトレイルは、森のなかまとのデートコースとしてご利用ください。

ビートルズトレイル

自然観察の森から、港南台や金沢文庫、鎌倉へ通じるコースがあり、自然観察やハイキングなど、楽しんで歩くことができます。

このほか、毎月の日曜祭日や夏休みなどには、「自然観察ハイキング」「定期探鳥会」等のイベントが行われたり、より楽しい観察方法を教えてくれるガイドもいますので、自分なりの楽しみ方をみつけてはどうでしょうか？

横浜自然観察の森自然観察センター　電話045－894－7474■連絡先　横浜市栄区上郷町一五六二－一■金沢八景駅から神奈中バスで十五分・大船駅から神奈中バスで二十分／共に「横浜霊園前」下車■開園時間　午前九時から午後四時三十分まで■休園日　毎週月曜日と年末年始

アサヒＥＣＯ通信　第三号

一九九六年八月発行

川から学ぼう―四万十川【ＲＩＶＥＲ】発足

「日本最後の清流」と言われている四万十川。六年前の調査では堂々第九位にランクされたこともあります。（ちなみに一位はナイル川でした）しかし実際はどうなのだろう。本当に四万十川は豊かな川なのだろうか。そう将来を案じた地元の西土佐村・十和村・大正村と共同でネットワーク「ＲＩＶＥＲ」を発足したのです。

発足の中心人物である畦地（あぜち）さんはこういっています。「都会の人は田舎に豊かさを見つけ、田舎の人は「東京」に近づくことが豊かだと思っている。それならお互いを知り合える接点をつくり、本当の豊かさとはなにかを探ろうと思ったわけなのです」と。

そして試行錯誤の結果できあがったのが会員制度「ＲＩＶＥＲ」です。

会員になると送られてくる会員紙では、四万十川のありのままの姿を紹介しています。ひとつひとつは小さな情報ですが「なんだかいいところだなぁ」と感じさせる楽しさがあります。『川』からあなたはなにを学びますか？

会員制度【ＲＩＶＥＲ】　年会費二千円

現在、会員は千五百名。そのうち一、二割の人が高知県の人で、残りのほとんどは関西の会員だそうです。会員が一万人になると利益がでるとのこと。その利益で水の浄化施設を広めることや、山に木を植えたりして自然に還元するシステムづくりにつかわれるそうです。

会員紙【ＲＩＶＥＲ】　年二回発行

それに毎回「なにか」が届きます。次回は十月発行予定です。

七月八日には会員を対象として「自然の学校～人になる学校～」が開かれました。これは村の人から技術や知恵を聞いたり習ったりする学校です。今年は四種類の学校（エビたまでエビをとる学校・自分の机をつくる学校・薪を割って風呂に入る学校・森を見る学校）が開かれました。例えば、《森をみる学校》では、山を歩きながら鳥の声を聞き、木の名前を覚え、山仕事のおじさんの話を聞こう、地元の米の「おにぎり」をつくり、山を歩いてみよう、という学校。

子供対象の学校ではありません。大人のための学校です。

※二〇〇四年二月現在、年会費は三千円（学生二千円）。

アサヒECO通信　第十号　一九九七年九月一日発行

「コニカフィルムの上ぶた」で絶滅の危機にあるタンチョウを救って欲しい

第十一回コニカパッケージエイドにご協力下さい。

日本野鳥の会は一九八七年に釧路湿原の北部に位置する北海道阿寒郡鶴居村にタンチョウ保護を目的とした鶴居・伊藤タンチョウサンクチュアリを設置しました。絶滅の危機にあるタンチョウの生息する湿原の買いあげ、タンチョウに関する基礎的な調査、タンチョウの生活を多くの方に知って頂くための普及活動を行っています。このタンチョウサンクチュアリの活動は本会会員や賛助会員の会費や寄付等によって賄われていますが、中でも、写真機器メーカーのコニカ株式会社のご協力を得て行うコニカパッケージエイドはタンチョウサンクチュアリの年間活動経費のおよそ三分の一を占めています。

コニカパッケージエイドとはコニカフィルムの紙箱のふた（ロータスクーポンがついていない側）を鶴居・伊藤タンチョウサンクチュアリに送ると、一枚について二十円がコニカ（株）からタンチョウサンクチュアりの活動資金として（財）日本野鳥の会に寄付されるものです。昨年は全国からおよそ十万枚が集まり、誰もが気軽に参加できる自然保護活動として認知されています。これまでの十年間で実に約百四十万枚の上ぶたが集まり、コニカ株式会社から約千五百六十万円が寄付されています。

あなたの思いやりを一枚――絶滅の危機にあるタンチョウをあなたも救えます。

コニカフィルムの紙箱の上ぶた（ロータスクーポンがついていない側）を切り取って事業場単位で送っていただくのが理想的ですが、個人で一枚だけでも構いませんのでご協力下さい。

締切後、集まった上ぶたを一括して「鶴居・伊藤タンチョウサンクチュアリ」にお送りいたします。

日本野鳥の会　鶴居・伊藤タンチョウサンクチュアリ連絡先　0154－64－2620

アサヒECO通信　第十三号　一九九七年十二月二十六日発行

環境ウォーク＆ウォッチ「手賀沼見学とせっけんづくり」報告

十二月十三日（土）本年度最後の「環境ウォーク＆ウォッチ」を実施しました。

手賀沼は千葉県の柏市など七市二町一村にまたがり、家庭から排出される合成洗剤等による汚染がはなはだしく、本年度も一九七四年から連続二十二年間「水質ワーストワン」の記録を更新した問題の沼です。今回は水質悪化で名高い手賀沼と、廃食用油を活用したせっけんづくりを行なっている工場を見学した後、各自にせっけんづくりを体験していただきました。当地のリーダーには「千葉県環境アドバイザーの中岡文恵先生」をお願いしました。

なぜ今、「手賀沼見学とせっけんづくり」なのでしょうか

子育てに良い環境を求めて中岡さん一家が東京から手賀沼に程近い街に移り住んだのは一九七一年。まもなく宅地化などで造成、開発が進んでいた手賀沼周辺の市町村の家庭排水が沼に流れ込むようになり、みるみる汚れていきました。自動洗濯機が家庭に普及し、合成洗剤が使われ出したことも大きな要因でした。一九八二年に五年間の米国生活を終えて帰国した中岡さんは、さらに悪化した手賀沼の様子に驚く。アオコの匂いもひどかった。

早速、市民の賛同者、生協、漁協、母親らと「手賀沼を守ろう。合成洗剤をやめてせっけんの暮らしをとり戻そう」と呼びかけを開始し、活動を起こしました。そうした活動のなかで「安全なせっけんを、それも、水を汚す一因の廃食用油をリサイクルしてつくろう」と考え、一九八五年、廃食用油を原料とした手賀沼せっけん工場を設立し操業を始めました。市民の熱意でつくった工場だからこそ、途中で止めるようなことがあっては手賀沼の浄化は達成できない。このため、廃食用油を集めてせっけんをつくる一連のリサイクルを進める活動組織「せっけんの街共有者の会」を発足。活動を県下へ広げせっけんの名称を、水を大切にする「せっけんの街」と名づけられ頑張っておられますが、残念ながら手賀沼は一八七四年から連続二十二年間、依然として水質ワーストワンの記録を更新しているのが現状です。(当時中岡さんはせっけんの街共有者の会会長、株式会社手賀沼せっけん代表を兼任されていました=編集部注)

「せっけんづくり」の感想

捨てる時にいつも苦労するてんぷら油。苛性ソーダを加えて温め約三十分間かき混ぜれば「せっけん」の第一歩ができあがる。感激の瞬間です。これからはもっと積極的に「せっけん」を使ってみたいと思ってます。

アサヒECO通信　第十四号　一九九八年一月五日発行

平成十年一月一日「〝新〟経営理念」制定に伴い、「企業行動指針」の中に環境と安全に対する決意が具体的に示されました

環境と安全への配慮

・「美しい地球の保全と人に優しく」を基本に、環境と安全に配慮した企業行動に徹します。

・廃棄物の減量とリサイクルに努め、省資源・省エネルギーを推進します。

アサヒビールの環境保全に関する基本方針（平成五年五月制定）を再確認し、地球を健全な状態で子孫に残す私たちの義務をどの様にして果たして行くか、更に考え、行動していきたいと思います。

アサヒビールの環境保全に関する基本方針

環境保全に関する基本理念

私たちが健康で豊かな生活を営むためには、地域や地球の美しい自然に恵まれた環境が必要です。自然環境の破壊が進み、病める地球が現実のものとなりつつあるいま、この地球をより健全な状態で子孫に残すことが私たちの義務であると考えます。

アサヒビールは、環境の維持・改善に積極的に取り組み、環境保全型社会をつくりあげるために考え、行動していきます。

行動指針

1　生産から流通、消費、廃棄にいたるまで、各段階で環境に及ぼす影響を事前に評価し、環境保全に配慮した商品開発と技術開発を推進します。

2　企業活動を通じて廃棄物の減量と資源のリサイクルの推進に努め、省資源、省エネルギーに取り組み環境の保全を推進します。

3　企業市民として地域社会との共生に努め、環境保全活動への参加と社員の自主的な活動への支援に努めます。

4　環境保全を推進する社内体制の整備と社員の意識高揚に努めます。

アサヒECO通信　第十五号

一九九八年一月九日発行

第七回「地球環境大賞通商産業大臣賞」受賞

日本工業新聞社は第七回「地球環境大賞」受賞企業と団体を決め、一月五日（月）に発表しました。アサヒビール社は通商産業大臣賞を受賞。工場廃棄物ゼロを達成（茨城・福島・東京工場）したほか、炭酸ガスの排出抑制、オゾン層破壊物質の抑制などに成果をあげ、環境管理システムの構築や充実を図ってきたことが評価されました。

「地球環境大賞」は地球環境の保全と経済成長の両立を目指して、一九九一年に創設された権威ある賞です。

受賞企業・団体

大賞　トヨタ自動車
通商産業大臣賞　**アサヒビール**
環境庁長官賞　王子製紙
科学技術庁長官賞　富士ゼロックス
経団連会長賞　東京ガス
フジサンケイグループ賞　鹿島
日本工業新聞社賞　大阪ベントナイト事業共同組合

特別賞

優秀海外企業賞　ダイムラー・ベンツ（ドイツ）
優秀海外地方自治体賞　フライブルグ市（ドイツ）
優秀地方自治体賞　新潟県上越市

アサヒECO通信　第十六号

一九九八年一月十四日発行

冬空の「スターウォッチング」してみませんか!!

御茶ノ水女子大附属高校自然科学部女子部員といっしょに！

「スターウォッチング」とはなにかと云えば、環境庁大気保全局が中心となって行なっている調査で、昭和六十三年から実施されています。昨年の参加者は日本全国三四五団体、五一九七人でした。

目的

私たちは、この地球をおおう大気が良好な状態を保っていることによって、はじめて健全な生活を営むことができます。大気の状態は普段、目で見て確かめることが難しいものですが、人間の経済活動が急速に拡大するなかで、大気環境に様々な影響が現れてきています。全国星空継続観察（スターウォッチング・ネットワーク）は、星空を観察するという身近な方法を通じて大気環境の状態を調査し、大気環境保全の重要性を多くの方に考えて戴く良い機会となるでしょう。

生活環境室は机上で環境を考えるのではなく、実際に観察したり体験したりすることによって「身近なことから環境問題を考えよう」と企画しています。

月明かりの無い新月の夜に、東京の空でどの位星が見えるものなのか、御茶ノ水女子大学付属高校の先生による指導のもと、自然科学部女子生徒さんのマンツーマンの手助けを得ながら星空の観察をしましょう。

※以下の『記』（時間、場所、活動内容、参加対象など）は省略。

アサヒECO通信　第十七号

一九九八年二月二日発行

「スターウォッチング」報告――土星の環が見えた!!

一月二十六日（月）本年度第一回目の「環境スターウォッチング」を実施しました。

目的　人間の経済活動が急速に拡大するなかで、大気環境の様々な影響が現れてきています。大気の状態は普段、目で見て確かめることが難しいものですが、「スターウォッチング・ネットワーク」は、全国で星空を定期的に観察するという身近な活動を通じて大気環境の状態を継続的に調査するものです。今回はその活動に参加することにより、大気環境保全の重要性を考えて戴く機会といたしました。

観察期間　毎年度、夏（八月）と冬（一月）の二回、環境庁が決定した期間の日没後一時間〜三時間の間に行われています。

観察方法　（お茶の水女子大学付属高校の）屋上のコンクリートに寝ころんで、まず双眼鏡の焦点を自分の両目に合わせる。肉眼でも確認できる「シリウス」から順次、「一月の星図」を参考に星座・星団を追っていく。観察目標の「すばる（M45）・プレアデス星団」まで到達したら、その観察状況を、星座観察ノート（環境庁への報告用紙）へ「ハッキリ見えた星を塗りつぶす」という方法で記入しました。

観察結果　観察結果は環境庁大気保全局へ報告されます。環境庁は集計した結果を報道機関に発表するほか、環境白書等の基礎資料として活用します。今回御茶ノ水女子大学付属高校自然科学部のデータと共に、特別参加である私たちアサヒビール社員のデータも各個人名で報告されました。

参加者の感想

1　皆初体験で、往路では、参考資料を読み返すもの、また、今回の為に双眼鏡を購入して説明書に目を通すものなど様々で、期待しながらも内心は不安だったとのこと。

2　一番最初は、肉眼でも確認できる「シリウス」から順次星座、星団（オリオン座、周辺星雲団、シリウス、カシオペア、土星）を探索して実地観察の練習としたが、土星の環を観察できた折は次々と歓声が出て、皆大感激でした。

3　肉眼で見るのとは大違いの鋭い光に圧倒され、オリオン座の横並びの三つの星の廻りには、光輝く無数の星の塊にビックリ。思わず皆饒舌になりました。

4　次回夏季観察期間に、参加希望者がありました。

5　自宅のベランダに天体望遠鏡を設置したいという声がありました。

アサヒECO通信　第十八号　一九九八年三月十二日発行

環境問題解決のキーワード「三つのR」をご存じですか？

Reduce（リデュース）＝減量化

無駄を排除し、廃棄物の量を減らせないか、ということです。身近な例では、過剰な冷暖房を行わない。過剰包装を断る。アイドリングストップ等があります。

Reuse（リユース）＝再利用

使い捨てにせず、何回も繰り返し使えないか、ということです。ビールのリターナブル瓶はReuseの代表例といわれています。

Recycle（リサイクル）＝再資源化

そのままの形で再利用しにくいものを棄てないで、資源として再活用できないか、ということです。アルミ缶は使用後自治体等に分別回収され、再びアルミ缶やアルミサッシ等に生まれ変わります。酵母粕はエビオスや調味料に再活用されます。

古紙を使って再生紙をつくる、ガラスびんを利用して新しいびんやタイルをつくる等、沢山あります。さらに、ゴミを燃やすことで発生する熱エネルギーを地域の暖房に活用したりする、エネルギー回収もあります。

「三つのR」が、環境問題解決の第一歩といわれています。

アサヒECO通信　第十九号　一九九八年四月一日発行

1998バードウィーク（五月十日〜十六日）「バードウォッチング・イベント」情報

日本野鳥の会会員の方はご連絡いただけますか？

日本中の皆様にバードウォッチングの楽しさを体験していただこうと、以下のイベントをご紹介いたします。新緑の季節、ご家族やお友達とご一緒にどうぞ。

1　バードウィーク前後の催しも紹介しています。
2　定員を明記していないものは、当日集合場所へお集まり下さい。（事前申込の必要はありません）
3　ところにより雑木林や、日本に残された里山を保護するための募金をバードウォッチングの途中で呼びかけるイベントも含まれています。現地で内容を聞いて、賛同をしたら募金をお願いします。目印は「チャリティー」です。

※この号では、以下、アサヒビールの支社・支店・工場がある【北海道】【青森県】【秋田県】【宮城県】【福島県】【埼玉県】【千葉県】【東京都】【神奈川県】【石川県】【長野県】【静岡県】【愛知県】【大阪府】【兵庫県】【高知県】【愛媛県】【福岡県】【鹿児島県】の「バードウォッチング・イベント」情報を、社員に提供して参加を呼びかけている。詳細省略。

アサヒＥＣＯ通信　第二十号　一九九八年五月十四日発行

地球温暖化問題で、まず私たちでできる身近なところからご紹介します。第一回は家庭電気製品の省エネについてです。

（環境庁地球環境部／「環境にやさしい生活ガイド」より抜粋・編集）

私たちの消費するエネルギーのほとんどは、石油等の化石燃料を燃やして得られます。省エネルギーは有限資源の節約になるばかりか、炭酸ガスの排出抑制のスタートとなります。

テレビの省エネ

1　テレビはスイッチＯＮですぐ画面が出る便利な仕組みになってますが、同時に電力も消費されています。使用目的によっては、主電源のＯＦＦもご検討下さい。

2　テレビは画面が大きくなったり、多機能になると消費電力も増加します。使用目的やお部屋の大きさに合ったタイプを選びましょう。

照明器具の省エネ

1　照明器具はホコリや汚れがつくと明るさが低下します。こまめなお掃除をお忘れなく。

2　蛍光ランプの点滅の繰り返しは寿命を短くすると言われてきましたが、現在のランプは十分長寿命で、まめに消灯する方が電気料金からみて経済的です。

3　インバーター式蛍光灯は従来の照明と同じ明るさなら約二〇％の省エネになり、同じ電力なら二五％も明るさがアップします。

4　蛍光灯を切れるまで使うより、寿命の七〇～八〇％を経過した時点（両端が黒ずんだら取り替えの時期）での交換が経済的です。

5　住まいの照明には、照明源の数を増やすより、電球一つ当たりのワット数を高くした方が省エネ効果があります。

洗濯機・衣類乾燥機の省エネ

1　洗濯機は入れすぎると汚れの落ちが悪いだけでなく電気のムダ使い、少なすぎても電気と水のムダになります。

2　衣類乾燥機は洗濯物をまとめて使うのがコツ。三キロを一キロずつ三回に分けて乾燥するより、一回で乾燥するほうが約四〇%の電力削減になるといった実験データもあります。ただし、詰めすぎに注意しましょう。

3　晴れの日は衣類乾燥機は使わず天日干しにしましょう。

冷蔵庫の省エネ

1　冷蔵庫は家電製品の中で最も消費電力が大きいものです。中のものを整理し、開ける回数を減らしましょう。夏場は、子供が何回もドアを開けるので、ポットに飲み物を入れてテーブルの上に置いておくのも節電効果があります。

2　冷蔵庫内に食品を詰めこみすぎると冷気の循環が悪くなり四〜五%余分に電気を消費します。また、熱いものはさましてから入れましょう。

3　うしろピッタリタイプを除き、風通しが良いように設置しましょう。また、直射日光やコンロの熱が当たらないように。周りの温度が三〇度になると、十五度のときに比べて約八〇%の余分な電気を使います。

その他の家電製品の省エネ

1　換気扇の内部に油かすやホコリがたまると機能が低下します。フィルター付換気扇の場合、風量は三カ月で約一〇〜二五%低下します。こまめに掃除しましょう。

2　アイロンはまとめて。低温扱いはOFFの余熱でかけられます。

アサヒECO通信　第二十一号　一九九八年六月二十六日発行

環境ウォーク&ウォッチ――「みどりの日　ヤマボウシ苗木配布と植樹in湯布院」報告

四月二十九日（水）みどりの日に「環境ウォーク&ウォッチ」を実施しました。

目的　大分県の湯布院町の緑化運動ボランティア団体「GANA」の活動に参加、町民に苗木の配布をすることによって、緑の保全活動を身をもって体験する機会といたしました。

活動内容　湯布院駅前に集合し、町民に、前日用意した植樹用苗木「ヤマボウシ」を配布。植樹方法説明の手伝い。

会場の状況

1　当日の大分合同新聞に苗木配布の記事が掲載されたこともあり、午前八時前より待つ列が長くなり、午前十時の開始時間を三十分繰り上げるほど盛況であった。（苗木五百本）

2　一人一人に植樹方法を説明すると共に、庭木等の相談にはGANAの会の樹木医が丁寧に応じた。

3　参加ボランティアは、「GANA」会関係者十七名、湯布院町青年会議所約二十名、アサヒビール社員七名。

アサヒビールからの参加者の感想

1　苗木配布を待つ列が長くなり反響にビックリした。
2　前日の下準備から参加したかったとの声もあった。
3　当社の社員が、遠方より自弁での参加にGANAの会員は皆驚いていた。
4　その交通費の半額でも寄付した方が良いのでは、との意見がある一方、来年も是非お願いしたいとの声もあった。
5　前日・当日早朝の準備・当日終了後の後片付けに人手が多数必要だった。
6　汗と泥で大変汚れた。風呂の用意があれば良かった。

アサヒECO通信　第二十二号　　一九九八年七月八日発行

環境ウォーク&ウォッチ——「キッチンから始めるエコロジー、エコ・クッキングin高松」報告

五月二十三日（土）に四国ガスの協力を得て「環境ウォーク&ウォッチ」を実施しました。

エコ・クッキングメニュー

①鯛麺②蕗の信田巻③蕗の葉の佃煮④だしを取った後のおかかの佃煮⑤たたき山芋の梅おかか和え⑥鶏肉のから揚げ風（オーブン焼き）⑦残り野菜の即席漬け⑧ソフトドリンクヨーグルト⑨黒ビール入ケーキ（錦織さんのお手製）

感想

四国ガスの錦織さんによる～台所から暮らしを見直す～という切り口での、米のとぎ水の利用方法等の工夫の話、料理研究家の十河先生から、調理からみた「エコ・クッキング」の講義を受けた後、鯛麺（瀬戸内海の鯛

と素麺を使った讃岐地方の伝統的な料理）づくりに入りました。山芋の皮むきに手こずる人、蕗の信田巻に取り組む人等と夫々に苦労しましたが、苦労の甲斐あってどれも美味しそうに盛り付けられ完成品の味は最高！

後片付けは栄養士の園藤先生より、アクリル毛糸から手づくりしたタワシを使ってなるべく洗剤を使わず、米のとぎ水を利用したりして汚れの少ない物から順番に洗うなどの指導を受けました。

ほんの小さな心くばりの積み重ねが「環境保全」につながるということを実感しました。関係者の皆様のご協力を感謝します。

なお、本エコ・クッキングは、そのリハーサル状況が五月十九日十八時の瀬戸内海TVニュースで約五分間紹介されました。

アサヒECO通信　第二十三号　　一九九八年七月十七日発行

（財）環境事業団主催のボランティア活動

『富士山の森　再生活動』参加者募集のご案内

環境庁の外郭団体、（財）環境事業団が、環境ボランティア活動『富士山の森　再生活動』に企業社員の参加を呼びかけております。

『富士山の森　再生活動』は平成八年九月の台風一七号によって被害を受けた富士山周辺の国有林の復旧をめざすものです。ベテランのボランティアリーダーの指導により、初めての方でも十分に活動可能とのことです。

植林、森の保全は地球温暖化防止に非常に役立つことであり、社員の皆様にご案内いたします。

※この号では、以下、日時、場所、活動内容（自然休養林の下草刈り）、主催、参加対象、宿泊先、経費（一万円）、集合場所などを記載している。詳細省略。

一九九八年十二月十五日発行

福島工場　ISO14001認証取得

アサヒECO通信　第二十四号

アサヒビール福島工場は、十二月二日、当社として初めてISO14001を認証取得しました（本文ルポ参照）。本年十一月十七日から十九日の本審査を受け、今回の認証取得となりました。認証取得会社はSGSジャパンです。

福島工場は、九七年十二月、認証取得に向けキックオフし、工場全員が一丸となって環境マネジメントシステムの構築を行ってきました。審査登録範囲は、「ビール製造により発生する環境影響を管理する為に運営されている環境マネジメントシステム」です。

九九年は、茨城・吹田・西宮・博多の四工場がISO14001の認証取得を予定、既に各工場キックオフをし、認証取得に向けスタートを切りました。

ISO14001とは？

ISO（INTERNATIONAL ORGANIZATION for STANDARDIZATION* 国際標準化機構）は、国際的に通用する規格や標準を制定するための国際機関です。例えば写真フィルムなどの光感度、「ISOねじ」と呼ばれる関連規格、非常口のシンボルマークなどが、ISOの規格によるものです。

環境に関する規格はISO14000シリーズで、ISO14001は環境マネジメント、ISO14020は環境ラベル、ISO14040はライフサイクルアセスメント等となっています。

ISO14001では、経営に際して環境対応の立案、運用、点検、見直しといった環境管理・監査システムが整備されていること、またこれらのシステムが継続して行われていくことが要求されます。

福島工場でも今回認証取得をしましたが、今後は毎年審査会社による監査を受けることになります。

＊ISOは英語の頭文字を取ったものではなく、相応しいという意味を表すギリシャ語"isos"から取られたもので、このisosは英語のisonomy（法の下で平等）、isometric（同じくらいの大きさ）などの接頭語となっている。

アサヒECO通信　第二十五号　一九九八年十二月二十二日発行

いわゆる「廃棄物ゼロ」の表現を「廃棄物再資源化一〇〇%」に改訂

アサヒビールは、本年十一月一日、全九工場で、廃棄物再資源化一〇〇%を達成しました。先日の日本経済新聞社環境経営度調査でビールメーカーのなかでトップの十六位となるなど、「環境のアサヒ」として高く評価されています。マスコミをはじめ消費者団体、他企業からもたいへん注目されておりますが、従来から使用している「廃棄物ゼロ」の表現について、一部に誤解を招きかねない点があり、今後「廃棄物再資源化一〇〇%」と表現を統一することとしました。

Q1　「廃棄物ゼロ」のなにが誤解をされる可能性があるのか？　工場から排出される廃棄物の一部は「逆有償」で再資源化をしています。再資源化をされていても「逆有償」で処理されているものは、厳密に言うと廃棄物となります。当社は工場で発生する廃棄物を一〇〇%再資源化しているというのが正しい表現となります。

Q2　廃棄物とは？　廃棄物処理法などによると、事業活動に伴って生じた廃棄物の内、燃えがら、汚泥、廃油、廃酸、廃アルカリ、廃プラスチックその他政令で定める（産業）廃棄物をいいます。さらに「他人に有償で売却することができないために不要になったもの」は廃棄物にあたります。

Q3　逆有償とは？　売却により当社が受け取る対価より、処分のために当社が支払う運送費や処理費が大きいことをいいます。

アサヒECO通信　第二十六号　一九九九年二月二日発行

生活者のグリーン購入意識調査　環境に優しいと考えるのは「びん」、実際に購入するのは「缶」

――東京ガス（株）都市生活研究所とグリーン購入ネットワークの共同調査から――

私たちの生活の中で使用・消費している商品・サービスは、すべて環境に対してなんらかの負荷を与えています。環境負荷軽減のためには、価格や利便性だけでなく環境のことも考えて購入する「グリーン購入」の取り組みが必要です。グリーン購入は、個人でも企業でも実践できます。当社においても、文具等からはじまり徐々に広がっています。

東京ガス（株）都市生活研究所とグリーン購入ネットワークは共同で、生活者のグリーン購入についてアンケートをしました（調査対象は、首都圏在住の一般生活者　有効回答数一〇二一件［有効回答率六八・一%］）。環境にやさしい生活をしたいけれど実際に購入するものはどうなのか、その結果をご紹介します。

今回は首都圏在住の一般生活者が調査の対象となっています。環境問題への関心は非常に高く、九割の人が「人並み」かそれ以上に関心を持っていると自覚しています。実際購入する際も、商品品目によりばらつきはあるが、環境について考慮して購入している人が多いことがわかりました。

ビール

「缶」と繰り返し使える「リターナブルびん」ではどちらが環境上優しいかと聞いたところ、全体の七八%が「びん」、九%が「缶」、一三%が「わからない」と答えている。普段、缶を購入している人でも、七六%の人が「びん」の方が環境にやさしいと考えている。

・普段家で飲むビールは？　缶七一%　買わない一八%　びん一二%　その他一%

・缶を選ぶ理由は？　「適量」五八%　「軽い」五一%　「リサイクルできるから」三三%　「そのまま飲める」三一%　「安い」二五%　「缶しか置いてない」一〇%

・環境上優しいビール容器は？　びん七八％　缶九％　わからない一三％
・缶を購入している人に聞きました。環境上優しいビール容器はびん・缶どちら？　びん七六％　缶一一％　わからない一三％

家電品

エアコン、冷蔵庫、洗濯機を購入するとき、六～七割の人は省エネ・節水性を考慮している（エアコン六九％、冷蔵庫六一％、洗濯機六四％）。
しかし、趣味的要素の強いもの（テレビ三一％、パソコン二三％、ビデオ二〇％）については省エネを考慮する人は少ない。

トイレットペーパー

・普段購入しているのは？　再生紙品三四％　純パルプ二九％　特に決めていない三七％
純パルプ品を購入している人は「肌触り」を特に重視し、再生紙品の人は「価格」と「再生紙であること」、特に決めていない人は「価格」を重視している。全体の七八％の人が「再生紙のほうが環境上望ましい」と考えている。純パルプ品を購入している人の中でも、六四％の人が再生紙の方が環境上望ましいと考えている。

自動車

現在車を持っている人に、その車を購入した時の観点と、今後購入する時に重視する観点について聞いてみた。

	今の車を買った時	今後車を買う時
・価格	六八％	八〇％
・燃費	三〇％	六六％

・NOxなどが少ない　四％　二八％
・炭酸ガス排出が少ない　四％　三〇％
・環境にやさしい　三％　三七％

詰め替え品

・詰め替え品を買っているか？

食器用洗剤　買っている七一％　買っていない二九％
洗濯用洗剤　買っている四九％　買っていない五一％
シャンプー・リンス　買っている四七％　買っていない五三％

購入する理由は、主に「ごみを減量したいから」。購入しない理由は、「容器入りが特売になっている」がトップで、「知らなかった」や「身近な店に置いてない」も多い。

アサヒECO通信　第二十七号　一九九九年三月十五日発行

環境ボランティア募集！
第七回「富士山の森」再生活動

地球緑化センター主催

さわやかな風の中、富士山で植林を体験しませんか？

地球緑化センターが、第七回「富士山の森」再生活動の参加者を募集しています。富士山で植林を体験できます。車がない方でも東京駅から専用バスがでます。平成八年九月二十二日、台風一七号は富士山周辺の国有林、民有林にかつてない風倒被害をもたらしました。これらの被害箇所の復旧、再生は国有林や民有林を問わず、緊急の課題となっています。今回の活動では、植林を行います。第七回目となるこの活動は、東京営林局、静岡営林署の協力を得て、再生活動をすすめていきます。詳細は下記の通りです。

※この号では、以下、時期（平成十一年五月八日〔土〕〜九日〔日〕）場所（富士山自然休養林〔表富士・静岡県富士宮市〕、活動内容（植林活動および自然観察）、宿拍先、費用、スケジュールなどを記載している。詳細省略。

アサヒECO通信　第二十八号　一九九九年三月二十一日発行

夙川《しゅくがわ》公園クリーン大作戦実施

西宮工場、労働組合西宮支部共催

三月二十日（土）西宮工場と労働組合西宮支部は合同で、夙川クリーン大作戦を実施しました。当日はあいにくの雨でしたが、OBを含め、二十二名が参加しました。

夙川公園のある夙川、苦楽園は阪神間有数の桜の名所です。お花見シーズン前に桜の名所をきれいにしようということで今回「夙川公園クリーン大作戦」は計画されました。西宮工場と労働組合西宮支部のボランティアによるクリーン活動は、九七年武庫川、九八年姫路城と、今回で三回目になります。

当日は、苦楽園口駅付近からスタート、夙川沿いを約一時間半清掃しました。（途中から雨が強くなってきたため、若干、時間を短縮しました）

空き缶は以外に少なく、タバコの吸い殻やビニールが目立ちました。日頃地元自治会や西宮市で清掃をされているためか、全体的にゴミは少なく、最終的にはゴミ袋十個分のゴミが集まりました。

終了後は、お天気ならば香櫨園《こうろえん》浜で昼食の予定でしたが、雨天のため西宮工場社員クラブで昼食と乾杯となりました。

夙川公園クリーン大作戦に参加をして

桜のつぼみがふくらみ始めているのや、よもぎの新芽を発見したり、ゴミを拾いながらも春の発見を楽しめました。また、通りがかりの方からの「ありがとう」には、雨降る中でかなり寒かったのですが、励まされました。タバコの吸い殻やビニールのゴミが多く、「小さなゴミなら捨てても構わない」と思う人が多いのに驚き、自分もそうなっていないか考えさせられました。（環文部　M）

アサヒECO通信　第二十九号　一九九九年四月五日発行

クリーンアップキャンペーン（クリーンアップ全国事務局主催）
オープン会場でクリーンアップボランティア募集

NPOのクリーンアップ全国事務局は、アースデイにちなんで、四月十八日に、下記会場でクリーンアップキャンペーンを実施します。当日は、申込みも不要で、どなたでも、参加が出来ます。「当日朝早起きしたから」「お天気が良かったから」など、気軽に参加してみて下さい。

クリーンアップ事務局は、全国のクリーンアップキャンペーンの呼びかけとコーディネート、日本の海岸のゴミデータをとりまとめて米国・海洋自然保護センター（CMC＊）に送るなどの活動を行っています。

＊CMCでは、単に海岸のゴミを拾うだけでなく、どんなゴミがどれだけあったかを世界中で調べ、根元からゴミの散乱しないきれいな「水の惑星・地球」を次世代にバトンタッチしようという活動を行っています。

※この号では、以下、集合日時、集合場所、持ち物、当日のプログラムなどを記載している。詳細省略。

アサヒECO通信　第三十号　一九九九年四月六日発行

GANA YUFUIN みどりの日祭り　ボランティア募集

四月二十九日（木・祝日）のみどりの日に、大分県の湯布院で、〝GANA YUFUIN みどりの日祭り〟が行われます。

GANA YUFUINは、湯布院の緑化推進のため様々な活動をしている団体です。〝GANA YUFUIN みどりの日祭り〟では、苗木（ヤマボウシ）の無料配布、みどりの相談窓口開設、湯布院町内の公園への記念植樹等が行われています。事務局では、当日苗木の配布などをお手伝いして下さるボランティアを募集しています。スケジュール等詳細は下記のとおりです。昨年も同様の呼びかけをし、九州地区の社員の家族の方に参加いただきました。

※この号では、以下、日時、場所、参加対象、参加費用、ボランティア内容などを記載している。詳細省略。

アサヒECO通信　第三十一号　一九九九年四月十二日発行

生活の炭酸ガスの排出量に興味のある方へ　炭酸ガスダイエットクラブはモニターを募集

～炭酸ガスの排出量が簡単に計算できる「エコデン」もらえます～

日本環境財団では、エコロジカルな暮らし方をひろげていく活動の一環として「炭酸ガスダイエットクラブ」を開設することとなりました。この四月から、全国的に展開する「炭酸ガスダイエットクラブ」に先立ち、環境庁との共同企画（地球温暖化防止先進実施検証）の実証試験モニターを募集しています。

実証試験モニターの内容は、四月の一か月間、電気、ガス、水道、缶、PET、ごみなどの排出量を測定し、炭酸ガスの排出量を計算していただいて、一か月のデータを報告するというものです。他に簡単なアンケートの提出もあります。（モニターは四月一か月間のデータを報告するというものです。今からのモニター参加ですと実際には半月程度の参加になります）

炭酸ガスの排出量を計算するのが面倒と思われるかもしれませんが、今回のモニター参加者には、炭酸ガス排出量が簡単に計算できる「エコデン」がついています。例えば、アルミ缶のボタンを押して、数量を押せば、簡単に炭酸ガス排出量がわかります。日頃の生活の中で、自分がどのくらい炭酸ガス排出をしているのか気になる方、また「エコデン」に興味のある方、ぜひ今回のモニターにご応募ください（応募は、社員、家族問いません）。

アサヒECO通信　第三十二号　　一九九九年八月十一日発行

環境ボランティア募集！　富士山で下草刈り
第八回富士山の森再生活動

主催　地球緑化センター

地球緑化センターが、第八回「富士山の森」再生活動の参加者を募集しています。今回の活動内容は、下草刈りです。植樹をしてから数年のまだ小さな木は、下草刈りをしないと、周りの草に埋もれてしまい、十分に成長することができません。下草刈りは地味なことですが、とても重要な作業です。作業場所は富士山の一〜二合目で、作業は、チームをつくり、チームごとに行います。ベテランの方や関東植林管理局の方が丁寧に教えて下さるので、初めての方でも大丈夫です。自然観察では、山の木や植物の名前等も教えてもらえます。また夜には森林教室やメンバー紹介などがあります。

平成八年九月二十二日、台風一七号は富士山周辺の国有林、民有林にかつてない風倒被害をもたらしました。これらの被害箇所の復旧、再生は国有林や民有林を問わず、緊急の課題となっています。今回の活動は今年二回目の活動となります。木は、植えただけでは、周辺の雑草に埋もれてしまったり、鹿に食べられたりしてしまいます。林野庁の方やボランティアの方に育まれ、少しずつ大きくなります。暑い季節の活動なので、楽な活動ではありませんが、おもいっきり汗を流し、充実感のある活動です。皆さんのご参加をお待ちしています。

※この号では、以下、日時（平成十一年七月二十四日〔土〕～二十五日〔日〕）、場所（富士山自然休養林〔表富士・静岡県富士宮市〕）、活動内容、宿泊先、費用、申込締切、スケジュールなどを記載している。詳細省略。

アサヒECO通信　第三十三号　　一九九九年七月二十七日発行

今年の夏は、地球温暖化防止のため、そして家計のために、電気を効率良く使用しましょう。

家庭で電力消費量第一位！　冷蔵庫の使い方。

家庭電気製品でもっとも電力消費量が多いのは冷蔵庫です。冷蔵庫は外出するときも就寝時もｏｆｆにすることができませんが、工夫次第で電力の節約ができます。

・開閉の回数を減らす。
・冷蔵庫の中を整理して、必要なものをすぐ出せるようにする。詰め込みすぎない。
・熱い食品は冷ましてから入れる。
・冷やした飲み物を魔法瓶に用意して冷蔵庫を開けずにすむようにする。

第二位エアコン。目安は「二十八度」。冷やしすぎは、地球のためにも、身体のためにもよくありません。

・使ってない部屋の冷暖房は消す。
・カーテン、ブラインド、雨戸などを活用して、断熱効果を高める。葦簾やすだれはマンションでも手軽に使えます。
・風通しや服装にも工夫して、設定温度を夏は高め、冬は低めにする。環境庁の目安は、夏二八度、冬二〇度です。
・冷房より電力消費の少ない除湿機能を活用する。
・エアコンのフィルターはこまめに掃除する。

第三位テレビ

・寝るときにはリモコンでなく、テレビ本体にある主電源を切る。
・とりあえずテレビをつけるという見方をせず、見る前に番組を選ぶようにする。
・テレビゲームは時間を決めてやる。

省エネの工夫は、今回ご紹介しただけではなくたくさんありますが、手軽にできるものを紹介しました。まずは、ご自宅の電気代がいくらなのか把握しましょう。前月より、前年より、減らすことができると、楽しいものです。ゲーム感覚で省エネを実践しましょう。

（参考資料　WWF「炭酸ガス減量大作戦」アクションリスト）

アサヒECO通信　第三十八号　一九九九年十二月二十二日発行

日常生活での二酸化炭素の排出量を算出し、地球温暖化について考えてみましょう

環境家計簿「わたしのエコライフノート」を配布

アサヒビールグループでは、二〇〇〇年年初から、環境家計簿活動を行います。

環境家計簿ってなに？

ほとんどの方がご存知でないと思います。環境家計簿とは、家庭生活における環境負荷量を家計簿のように計算するものです。自治体で作成されているところもありますが、環境先進企業であるトヨタ自動車、荏原製作所などでは、社員向けに配布をされています。

アサヒビールグループ版の環境家計簿をつくりました

今回作成したアサヒビールグループ版環境家計簿「わたしのエコライフノート」では、水・電気・ガス・灯油・ガソリンの月ごとの使用量をご記入いただいて、各々の二酸化炭素換算係数を掛け、二酸化炭素排出量を計算します。またグループの事業特性を反映し、缶・びん・PETのリサイクルを取り上げています。記入は月ごとの結果がひとめでわかる表になっているので、先月に比べ減った、増えたがすぐにわかります。このノートをもとに、家族皆で環境について考え、負荷を減らす工夫をされてみてはいかがでしょうか。「わたしのエコライフノート」を実際に記入していただくのは、社員ご本人、環境教育の一環としてお子さんなど、ご家族のどなたでも結構です。参加するほど、得をします。

この活動は、強制ではなく、自主的に参加していただくものですが、参加者の方には、各回エコライフに役立つグッズを差し上げます（一部抽選）。一回目は、節水コマを、二回目には、提出者全員にエコライフに役立つグッズをプレゼントします（内容は現在検討中です）。三回目（最終）の提出時には、抽選で、世界で三十五か所、日本では唯一のエコテル（環境に配慮したホテルとして米国の環境コンサルティング会社、HVSエコサービスから認証されたホテル）であるヒルトン東京ベイのペア宿泊券など豪華賞品が当たります（遠くて行かれないという方もたくさんいらっしゃるので、複数の賞品から希望賞品を選択できるようにします。その他の賞品は現在検討中です）。「わたしのエコライフノート」は、エコライフをすればするほど、お金の節約もできます。賞品＋家計の節約と、お得なことばかりです。

今月中にお手元に届きますので、来年年初からチャレンジしてみてください。

アサヒECO通信　第三十九号

水道局おすすめの節水器具〝節水コマ〟
エコライフノート活動に参加をする方に差し上げます

一九九九年十二月二十七日発行

節水コマを知っていますか。節水コマは、流水の量を細めにする器具のことです。蛇口の内側にはコマがついています。この普通のコマを〝節水コマ〟に替えると、細めに水が出るようになります。以下の表は、普通のコマと、節水コマとの水量を比べたものです。

水栓の開度（度）		三〇	九〇	一五〇	二一〇	二七〇	三六〇	全開
吐水流量	普通のコマ	五	一二	一四	一七	二〇	二一	二一
	節水のコマ	二・五	六	七	一五	一七	二〇	二一

（吐水流量は、リットル／分）

このように、水栓の開度が小さい時に、通常のコマと比べて、流水が少なくなり、全開の時には、普通のコマと同じになります。洗面所や台所のように、流し洗いをするところで、効果があります（節水コマをつけているからと安心しないで、水道はこまめに止めるのが基本です。流し洗いをすすめているわけではありません）。

取り付け方法

まずは、水道の栓を止めて、蛇口をはずし、ついているコマを節水コマに替える。蛇口を取り付けて、水道の栓を開ければ、完了です。通常ご家庭にあるような工具があればできます。

節水コマがつけられる水道の種類

一般的な蛇口がついた水道に取り付けができます。また、給湯の蛇口は、すでに流量調節がされているので、節水コマの取り付けの必要はありません。

節約になるならちょっと付けてみようかなと思われた方、DIYショップ等でも販売されていますが、エコライフチャレンジ宣言（わたしのエコライフノートをご覧ください）に節水コマ希望の旨をご記入のうえ、環境文化推進部宛にご応募ください。ご希望の方全員に節水コマを差し上げます。

アサヒECO通信　第四十号　二〇〇〇年一月十四日発行

第九回地球環境大賞　フジサンケイグループ賞を受賞

環境活動に熱心に取り組み、産業の発展と地球環境の共生に貢献した企業に贈られる地球環境大賞顕彰制度の第九回の受賞会社が発表となりました。

アサヒビールは、フジサンケイグループ賞を受賞しました。

受賞理由

新しい企業行動指針に「環境と安全への配慮」を盛り込むなど「環境」を経営の重点課題にすることを宣言。九八年十一月に全工場の廃棄物再資源化一〇〇％を実現し、名古屋工場では国内初の「完全ノンフロン化」も達成。

今回の受賞は、第七回の「通商産業大臣賞」に次ぐ、二回目の受賞となりました。

第九回受賞企業一覧

大賞	NEC
通商産業大臣賞	松下電器
環境庁長官賞	資生堂
科学技術庁長官賞	本田技研

経済団体連合会会長賞　リコー（二年連続）
フジサンケイグループ賞　**アサヒビール**
日本工業新聞社賞　千代田化工建設
優秀環境自治体賞　大分県・京都府園部町
地球環境会議が選ぶ優秀企業賞　東京ガス・宝酒造

アサヒECO通信　第四十一号　二〇〇〇年二月一日発行

今月は、省エネルギー月間です

二月は、省エネルギー月間です。電気、ガス、灯油等の暖房用エネルギーの需要が一段と増加する冬季、中でも、特に寒さが厳しい二月を「省エネルギー月間」と定め、省エネルギー意識の高揚、一層の定着化を図ることを目的として、昭和五十二年から実施され、今年で二十四回目となります。寒い中で暖房をセーブすることはなかなかできませんが、暖気を逃がさない工夫など、できるところから、省エネルギーを実施しましょう。

省エネルギーのヒント集（環境庁ホームページより抜粋）——暖房機器を効率よく使う方法

こたつ

・電気こたつは掛けぶとんの厚さを三センチから一〇センチにすると約二〇％の省エネに。敷きぶとんを併用すると五〜一五％の省エネになります。
・部屋が暖かい時や、身体が暖まってきたら、コタツの温度は高から低へ切りかえましょう。

電気カーペット

・電気カーペットをフローリングなど断熱性の低い床で使うと、畳などにくらべ熱ロスが大きく消費電力が大きくなります。保温性の良いマットや布などを下に敷きましょう。
・電気カーペットは一人のときは部分暖房に切り換えましょう。
・エアコンと電気カーペットを併用すれば部屋の温度が多少低めでもここちよく、エアコンだけの時にくらべ約二五%の省エネになります。

ストーブ

・小型ストーブなどで反射板のあるものは、反射板が汚れると暖房効率が悪くなります。汚れたら柔らかい布できれいに拭きとりましょう。

その他

・トイレの便座ヒーターは意外に電気を消費します。外出時はOFFにするようにしましょう。
・ファンヒーターやエアコンの吹き出し口の前や下にものを置くと暖房効率が下がるだけでなく、異常加熱の原因になります。省エネ、安全の両方のため、吹き出し口のまわりはかたづけましょう。
・部屋に入ってくる熱の二〇~三〇%、部屋から逃げる熱の約一〇%は窓からです。そこでカーテンやブラインドをつけると冷暖房効果を上げることができます。また、場合によっては雨戸を早めに閉めることで効率を上げることもできます。

暖房に関するちょっとしたアイディア

・アルミサッシの網戸にポリエチレンシートを貼ると、二重窓のような保温効果があります。
・たとえば、一般的な電気コタツの消費電力は四〇〇~六〇〇ワットです。サイズが大きくなるほど多くの電力を消費します。購入するときは使う人の数やお部屋の大きさに合った機種を選びましょう。
・農業用の黒いビニールホース(直径一〇センチくらい)を屋根にはわせて水道の蛇口につなぎ、太陽熱で暖められた水を利用することができます。昔はこのようなことがよく行われていたそうです。
・夜寝る前に、ポットの残り湯をペットボトルに入れ、タオルでくるんで湯たんぽにすることができます。くれぐれも、熱すぎるお湯を入れたり、お湯漏れに注意してください。
・こたつに使用した毛布やふとんを、寝るときに利用すると、暖かいので電気毛布や電気あんかを使わなくてすみます。
・電気カーペットは、からだが直接触れて暖まる熱伝導と、表面からのふく射熱で暖房します。ですから、座布団や座椅子、クッションを使わないのが基本です。

アサヒECO通信　第四十二号　一九九九年二月九日発行

環境家計簿「わたしのエコライフノート」〜経過発表〜

アサヒビールグループでは、二〇〇〇年年初から、環境家計簿活動を開始しました。第一回の提出期限は、二月末です。二月四日現在、アサヒビール九十一人、グループ三十一人の提出がありました。まだまだこれから提出される方も多いと期待しておりますが、途中経過をお知らせします。

第一回の提出内容は、〝あなたのエコライフ度チェック〟を行っていただいて、その合計点を申告してもらうというものです。項目としては、ビール・ジュースは飲みきるなどの排水への注意、缶・PETは、軽くすすいでから分別排出している（リサイクル）、テレビの電源は主電源から消す（省エネルギー）、お風呂の残り湯は、洗濯等で活用する（省資源）などで、水を中心に当社の事業に密接なかかわりのあることに重点をおいたものとしています。

質問は全部で十項目。いつも実行している（一〇点）、時々実行している（五点）、実行していない（〇点）で答えていただきます。

平均点は、六十七点。意外と高い点数でした。
ちなみに最高点は一〇〇点で、二家族いらっしゃいました。他に九〇点以上のご家族も八家族いらっしゃいました。また点数の高くない方もたくさん提出していただいて、エコライフチャレンジ宣言をしていただいています。

節水コマの希望数　九十四人（百二十二人中）
希望していない方の中には、「もうつけている」「蛇口の型があわない」という方もいらっしゃいました。希望していない方が節水への意思がないわけではありません。皆さんの節水への意欲は大変高いと感じました。提出いただいた方の、家族数は平均二・九人ですが、六、七人の大家族の方から、もちろん一人の方もたくさんいらっしゃいます。エコライフは、一人だからできないというものではありません。むしろ一人のほうが、自分の努力結果がはっきりわかります。

この環境家計簿「わたしのエコライフノート」の第一回の提出は、二月末までとなっています。多くの方の提出をお待ちしています。環境家計簿「わたしのエコライフノート」は、冊子の形でお配りしましたが、ASNの全社情報サービスにも入っています。ご利用ください。

アサヒECO通信　第四十三号　二〇〇〇年二月十八日発行

スイスKantonalbank（カントナルバンク）販売ヨーロッパ最大のエコファンドに当社株の組み入れ決定

スイスのカントナルバンク発行でヨーロッパ最大のエコファンドである「Swissca Green Invest」に、当社の株が組み入れられました。

カントナルバンクは、スイスのチューリッヒに本社があり、総資産は約六兆円。同社は、業界で最も環境配慮が進んだ企業、環境保全型ベンチャービジネスを投資対象とした数種のエコファンドを販売しています。その中で「Swissca Green Invest」は、一九九八年に販売開始をされたもので、ヨーロッパのエコファンドで最大のものです。日本企業では、当社の他に、キャノン、富士通、コニカ、京セラ、NEC、資生堂、SONY、安田火災海上が組み込まれています。

また、ノルウェーの金融サービス大手「Storebrand Responsible Investments」発行のエコファンドにも当社の株が、組み込まれました。

日本でも、昨年からエコファンドが発売されており、その内のいくつかに当社の株が組み込まれていることが確認をされています。今回ヨーロッパのエコファンドにも、当社の株が組み込まれたことで、当社の環境への取り組みが世界的にも認められたこととなります。

「エコファンド」

・企業の環境への取り組みを評価・分析し、環境対応に積極的に取り組んでいる企業に投資するファンド（投資信託）のことです。
・欧米では八〇年代から導入されており、現在市場規模は三兆円程度に達しているものと推定されています。
・日本でも昨年八月に日興証券から発売されたのを皮切りに、安田火災、UBS（住友銀行）等五社から発売をされており、予想を上回る売れ行きをあげています。

アサヒECO通信　第四十九号　二〇〇〇年九月二十九日発行

環境家計簿　私のエコライフノート上半期結果報告　三百五十名が参加

今年一月から開始した環境家計簿「私のエコライフノート」の上半期の結果がでました。今回の上半期分提出では、三百五十名の参加がありました。

環境家計簿では、各家庭で、水、電気、ガス、ガソリン等の使用量を把握し、二酸化炭素に換算します。この結果を月別の表にすることによって、月別の変化、トータルでのエネルギーの使用量がわかります。

参加者三百五十名の家庭から排出される二酸化炭素量

エネルギー別　二酸化炭素平均値　単位＝kg

合計	水	電気	ガス	ガソリン	灯油
八二六・六	二一・四	二四八・〇	二二二・〇	二四七・八	八七・四

＊四捨五入等の関係で、合計値は、各々の合計値と異なります。

月別量　二酸化炭素平均値　単位＝kg

合計	一月	二月	三月	四月	五月	六月
七九八・四	一五四・八	一五二・七	一四八・九	一二五・一	一一三・七	一〇一・四

＊四捨五入等の関係で、合計値は、各々の合計値と異なります。

エネルギー別では、電気、ガス、ガソリンからの発生量が多くなっています。二酸化炭素を減らすには、特にこの三項目について取り組むと効果的だということがわかります。

月別では、月ごとに差があります。寒い一～三月に多く、だんだんと少なくなります。この傾向は、ほとんどの家庭で同じでしたが、寒い地方ほど顕著でした。当然のことではありますが、縦長日本を再認識しました。

容器のリサイクル（リサイクルの状況）　アルミ缶一八七・四　びん五六・六　ＰＥＴ四九・九（単位＝個）

容器のリサイクルについては、自主参加でしたが、参加者中七五％の方が参加されました。結果は、表のとおりですが、缶の量が大変多かったのが印象的です。アサヒビールグループならではの特徴のように思います。

家庭でのエネルギーの使用量は、家族数や家屋形態（集合か独立）で大きく変わります。ご参加の皆さんには、家族数を一～三人と四人以上、家屋形態が集合と独立の四つのグループに分け、各家庭があてはまるグループの平均値と、ご自分の家庭の値を、表やグラフで表したフィードバックシートをお送りします（十月十一日発送予定）。シートを保管され、下半期や、来年と比較しながら、エコライフに励んで下さい。

アサヒECO通信　第五十号

二〇〇〇年十二月二十二日発行

環境家計簿「わたしのエコライフノート」二〇〇一年版を配布
家庭でできるISO14001に取り組んでみましょう

アサヒビールグループでは、二〇〇〇年から開始している環境家計簿の二〇〇一年版ができました。今年やった人も、今年はやらなかった人も、まずは見てみて、興味があったらチャレンジして下さい。今年中に事業場で配布をされる予定です。参加者（提出者）には、各自の結果と提出者の平均値が対比できるフィードバックシートをお届けします。また第一回提出の方全員にエコライフに役立つ商品を、第二回提出の方の中から抽選でエコホテル宿泊券等の賞品をさしあげます。

環境家計簿ってなに？

ほとんどの方がご存知でないと思います。環境家計簿とは、家庭生活における環境負荷量を家計簿のように計算するものです。自治体で作成されているところもありますが、環境先進企業であるトヨタ自動車、荏原製作所などでは、社員向けに配布をされています。

アサヒビールグループ版の環境家計簿をつくりました

今回作成したアサヒビールグループ版環境家計簿「わたしのエコライフノート」では、水・電気・ガス・灯油・ガソリンの月ごとの使用量をご記入いただいて、各々の二酸化炭素換算係数を掛け、二酸化炭素排出量を計算します。

また二〇〇一年版では、家庭の環境方針を決めていただきます（提出は不要です）。各家庭の特徴に合わせて、方針を作成してみて下さい。方針を決め、実施し、結果を記録する。更に見直しと改善を行い、次の活動を行う。環境家計簿では、PDCAのサイクルを回していくことが大切で、まさに家庭版のISO14001と言うことができます。記入は月ごとの結果がひとめでわかる表になっています。また前回よりも記入欄を大きくして記入しやすくしました。

このノートをもとに、家族皆で環境について考え、負荷を減らす工夫をされてみてはいかがでしょうか。「わたしのエコライフノート」を実際に記入していただくのは、社員ご本人、環境教育の一環としてお子さんなど、ご家族のどなたでも結構です。

アサヒECO通信　第五十二号

環境家計簿「私のエコライフノート」二〇〇〇年版

二〇〇一年四月四日発行

結果報告&当選者発表

昨年一年間の環境家計簿「わたしのエコライフノート」実施結果がまとまりました。最終提出者は、アサヒビール百十五名、グループ百三十四名、合計二百四十九名でした。

環境家計簿は、各家庭で、水・電気・ガス・ガソリン等の使用量を把握し、二酸化炭素に換算することで、家庭でのエネルギーの使用量をトータルで削減させようというものです。毎月の水や電気の使用量の記入やびん・缶・PETのリサイクル数量の記入は、「ちょっとめんどう」という声も多々ある中、「たのしく活動ができた」との声もいただきました。環境家計簿はつけるだけでは（光熱費は）減りませんが、自分の家庭をみつめるためのデータとなります。環境家計簿をもとに、継続&改善（減らしていく努力）をたのしんで下さい。

興味のある方はこれからでもぜひ参加をして下さい。現在の参加率は、約二・五％（配布数／提出者数）。もう少しエコライフ仲間を増やしたいと思っております。ぜひお仲間に！

実施世帯の二酸化炭素年間排出量

参加世帯の二酸化炭素年間排出量は、一五二三キログラムでした。世帯数の平均は、三人です。

水の使用量

私たちアサヒビールグループにとって大切な水。水の使用による二酸化炭素排出量は、参加世帯の平均は、五三キログラム（＊1）でした。

アサヒビールの参加世帯だけに限ると四一キログラム（＊2）と、グループ全体よりかなり少ない数値となりました。水に対する姿勢は、家庭での使用にも現れているのかもしれません。

＊1、＊2ともに、井戸水使用や水道料が無料のため、使用量が不明の方を除き平均値を算出しました。

※この号では、以下、「抽選結果発表」が記載されており、当選者には「一等――エコホテルペア宿泊券・生ゴミ処理機・環境NGO主催活動への参加、以上の中から一つ選択、二等――空き缶つぶし機・無洗米五キログラム・バスポンプ、以上の中から一つ選択」の商品が当たった。

アサヒECO通信　第五十六号　二〇〇一年九月三日発行

本店　ISO14001認証取得

八月三十一日（金）、アサヒビール㈱本店でISO14001を認証取得しました。アサヒビールの各工場では既にISO14001を取得していますが、本店の特徴は、本店で直接環境に影響を与えている生活部門に加え、間接的ですが生活部門よりも大きな影響を与えている企画部門があることです。本店の中で使用する電気や紙の使用量やゴミの量だけでなく、本社として企画をした商品や販促品、物流などについても、配慮するしくみとなっています。さらに既に認証取得をしている工場と本店のISO14001を一つのシステムとする〝統合認証〟に取り組んでいくこととなっています。ISO取得企業はたくさんありますが、統合認証取得の企業は、IBMやNECなど数える程度です。アサヒビールは更にチャレンジをしていきます。

アサヒECO通信　第五十七号　二〇〇一年十月一日発行

十月はリサイクル推進月間です。リサイクルを実践しましょう。

リサイクル推進月間とは?

再生資源の利用（リサイクル）の促進に関する国民の理解を深めるとともに、その実践に関する国民の協力を求めるため、平成三年から広範な普及啓発活動が関係省庁を中心に実施されています。

ビールや飲料、ウイスキーでも、「アルミ缶」「スチール缶」「ガラスびん（ワンウェイ）」「リターナブルびん」「PETボトル」「紙容器」など、いろいろな容器が使用されています。業界、自治体、そして消費者の協力で、これらのリサイクル率は、年々上昇しています。

リサイクル案例

	〈アルミ缶〉	〈PETボトル〉
一九九八年	七四・四%	一六・九%
一九九九年	七八・五%	二二・八%
二〇〇〇年	八〇・六%	三四・五%

リサイクルしてみましょう!

公私共に深くかかわりのあるこれらの容器、毎日の生活の中でも少し気を配るだけでリサイクルに貢献できます。

1　リターナブルびん……使用後は販売店に持参する。
2　ガラスびん……軽くすすいだ後、栓、キャップ等を取り除いてから、排出する。
3　缶……軽くすすいだ後、(指定があれば)アルミ、スチールを区分し排出する。吸殻等の異物は絶対に入れない。
4　PETボトル……軽くすすいだ後、栓、キャップ等を取り除き、つぶしてから出す。
5　紙パック……軽くすすいだ後、切り開き、乾燥してから出す。

どれも習慣になれば簡単なことです。ぜひ実践してください。リサイクルは皆の協力で達成できます。

アサヒECO通信　第五十九号

二〇〇二年一月十五日発行

今年最初のECO通信です。今回から、環境についての身近な話題や、環境ボランティア情報を、毎月一回お届けします。

一昨年から実施している環境家計簿「わたしのエコライフノート」を配布しました。お手元に届いていますか。家計簿は家庭でのお金の収支を把握しますが、環境家計簿では家庭で出た二酸化炭素の量を把握します。電気、水などそれぞれ係数が決まっているので使った量に係数を掛けるだけ。結果を提出していただくと皆さんのご家庭の数値と提出者の平均値をグラフ化したフィードバックシートがもらえます。なんで会社が社員の家庭の家計簿を配るの???と疑問を持つかもしれませんが、業務に直接関係ないことではありますが、環境について考えるきっかけになり、まわりまわって仕事にも良い影響を与えると、当部では考えています。トヨタ、松下電器、荏原製作所などの環境先進企業でも同様の取り組みをしています。(ご参考までに、松下電器では一万人〔世帯〕以上の参加があるそうです。スゴイ!)

光熱費を見直すことになるから、家計にもやさしい取り組みです。気軽にチャレンジしませんか。

アサヒの森の番人　シン　本社1Fロビー「ミネルヴァの森」に住んでます

環境かわら版

アサヒビール株式会社環境社会貢献部編

はじめに

地球温暖化や大気汚染、資源枯渇などの地球環境問題は、私たちの個人生活に深く関わっています。その責任の一端を私たちが担っていることは皆さんもよくご存知のことと思います。「でもなにができるの?」「個人の影響力はたいしたことないんじゃないか?」などという話が聞こえてきそうです。すでに製造分野ではかなり高レベルでの対策がとられていることは皆さんご存知のとおりです。今後、企業として更なる取り組みを!　となると、社員ひとりひとりの活動が問われるようになります。「それでは具体的になにをすればいいのか?」この資料が考えるきっかけになればと思い、作成しました。「日常生活でまずはできるところから」省エネ・省資源についてまず一歩を踏み出してください。

アサヒビール株式会社　環境社会貢献部

創刊号　二〇〇三年一月発行

あなたも「省エネ・省資源活動」できることから始めてみませんか?

アサヒビールの環境への取り組みを確認しよう!

経営理念（一九九八年一月制定）

アサヒビールグループは、最高の品質と心のこもった行動を通じて、お客様の満足を追及し、世界の人々の健康で豊かな社会の実現に貢献します。

【企業行動方針】

・お客様の満足
・環境と安全への配慮
・公正で透明性のある企業倫理
・国際基準の企業行動
・豊かな発想とバイタリティ溢れる企業風土
・独創的でスピーディな企業行動
・自立と総合力のグループ経営
・継続的で質の高い成長

環境基本方針（二〇〇一年一月制定）

【基本理念】

ビールは水・麦・ホップといった「自然の恵み」からつくられています。アサヒビールグループは「美しい地球の保全と人に優しく」を実現するために、「自然の恵み」を育んだ地球に感謝し、地球をより健全な状態で子孫に残すことを責務と考え、行動していきます。

【行動方針】

1　廃棄物の削減と資源のリサイクルの推進、省資源、省エネルギーに努めます。
2　炭酸ガス、フロンなど地球環境に負荷を与える物質の削減に努めます。
3　私たちにとって特に貴重な「水」を大切にする取り組みを推進します。
4　環境に配慮した商品開発、技術開発、資材調達を行います。
5　社会の環境活動を積極的に支援すると共に、社員の活動参画により社会に貢献します。
6　環境関連の法規制を遵守することはもとより、グループ会社がそれぞれ独自の基準を定め、実行します。

7　海外の活動にあたっては、各国の環境情報を充分に把握し、環境の保全に積極的に取り組みます。

8　環境への取り組みを適切に開示し、社会とのコミュニケーションに努めます。

アサヒビールの環境活動は、地球といっしょに「うまい！」をつくりだすことです。

アサヒビールと環境問題について

「環境先進企業」として、アサヒビールは積極的に環境問題への取り組みをしています。

アサヒビールの環境問題への取り組み

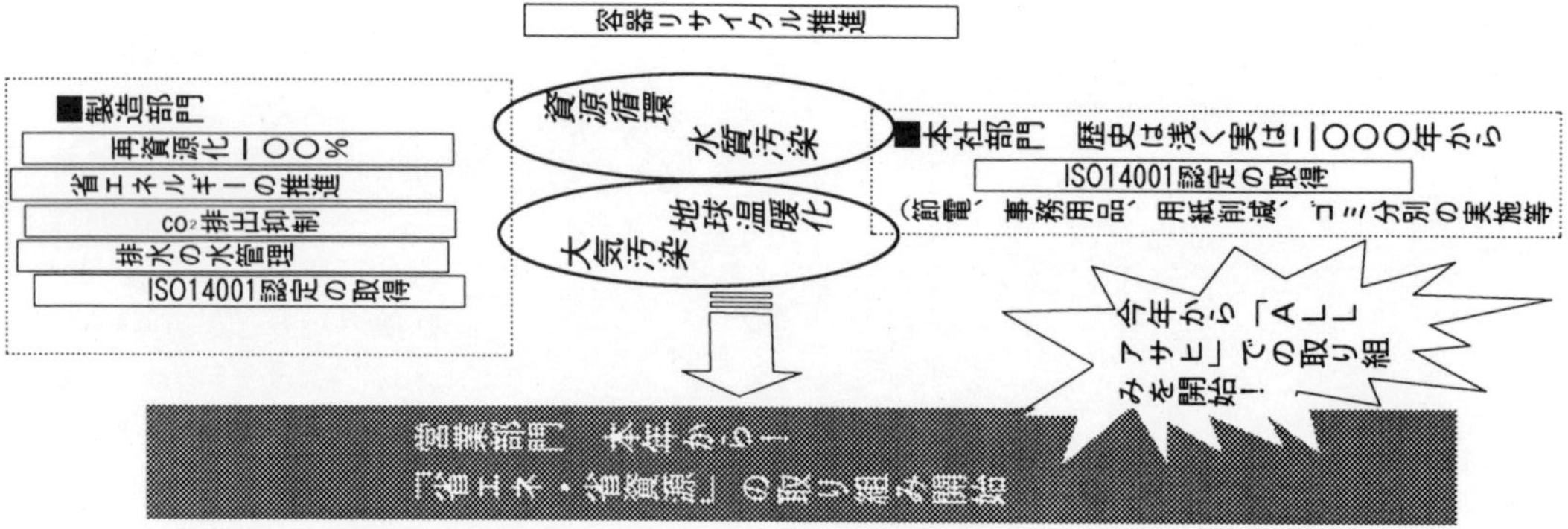
容器リサイクル推進
■製造部門
再資源化一〇〇%
省エネルギーの推進
CO2排出抑制
排水の水管理
ISO14001認定の取得
資源循環
水質汚染
地球温暖化
大気汚染
■本社部門　歴史は浅く実は二〇〇〇年から
ISO14001認定の取得
（節電、事務用品、用紙削減、ゴミ分別の実施等
今年から「ALLアサヒ」での取り組みを開始！
営業部門　本年から！
「省エネ・省資源」の取り組み開始

日頃の生活で気をつけてみよう（省エネ・省資源活動）

省エネ・省資源活動……まずは気楽にできることからはじめてみましょう！

省エネ

・不要な電気は消す。（昼休みや営業活動で不在のエリアは消灯する）

・長時間、離席の場合はノートパソコンのふたを閉じる。デスクトップは画面の電源を消す。

・一日五分アイドリング・ストップをする。

・車に積む荷物を減らす。急発進・急加速をやめる。

省資源

・コピー、印刷は両面でする。（ＰＣへの設定方法はヘルプデスクで教えてくれます）

・メモ用紙は裏紙を利用する。

環境にも優しく、経費節減にもつながる活動です！

環境かわら版　第二号　二〇〇三年二月発行

日常生活の「エコライフ度」をチェックしてみませんか？

記入方法……つぎの質問の回答欄に該当する数字を入れてください。

3　そうしている

2　いつもではないがおおむねそうしている

1　ほとんどそうしていない

質問

【節電】

1 冷蔵庫にはモノをいれすぎないようにしている

2 冷暖房は適温にしている（夏は二八度、冬は二〇度を目安）

3 温度調節には着衣やカーテンを利用し、冷暖房だけに頼らない

4 使っていない電気器具のスイッチはまめに切っている

【節水】

5 洗顔や髭剃りのときは水を流しっぱなしにしない

6 風呂の残り湯は洗濯などに再利用している

7 炊事、洗濯はまとめ洗いを心がけている

8 炊事、洗濯にはできるだけため水を使用している（水を流しっぱなしにしない）

【ガス】

9 利用目的に応じてガスの量（炎）を調節している

10 なべ、やかんは、底や周りの水滴をぬぐって火にかける

11 夏季は早い時間に風呂に水を張る（自動の場合は入る直前にお湯を入れている）

12 余ったお湯はポットに入れるなどして再利用している

【ゴミ／排水】

13 余計なものは買わない（食品などを期限切れで捨てることはない）

14 スーパーなどには袋を持参し、その都度レジ袋をもらわない

15 食器は汚れをふき取ってから洗っている

16 入浴剤はなるべく使用しない

あなたの得点 ＿＿ 点

45点以上……立派なエコライフをしています。今後とも継続してください。

45～25点……エコライフをしていますが、まだ改善の余地はあります。もうひと頑張りです。

25点以下……あまりエコライフしていませんね。今日から取り組めるものを探してエコライフへの第一歩を！

（※柏市環境部環境保全課作成の「エコダイエット教本」を参考にしました）

ちなみに環境社会貢献部環境担当の点数は……（　）は本人のコメントです
M部長………37点（風呂の湯は入る直前に入れます、必要な量しかお湯は沸かしません！　これこそエコです）
S担当部長……37点（愚妻にみせて検証してみます）
A………………34点（もっと頑張ります）
A………………39点（恐妻の指導のたまものです！）
M………………29点（実は新入りなのであまりエコ度は高くありません。これから頑張ります）

あなたのエコライフ度はいかがですか？

これを機会に「環境家計簿」を始めてみませんか？

「環境家計簿」をつけてみよう！

環境家計簿とは……

月ごとの炭酸ガス排出量を調査し、家庭の環境負荷のレベルを把握するしくみ。

領収書をみて電気、ガス、水などの使用量を入力するだけ！　炭酸ガス量は自動計算してくれます。調べてみると、けっこう炭酸ガスを排出していることが判りますヨ。あなたもいますぐイントラネット「環境ひろば」から登録を！　通年で参加の方は抽選で豪華景品（ノンフロン冷蔵庫、生ゴミ処理機）プレゼント。

前年（平成十四年）と比較して、炭酸ガスを著しく削減した方には、ナショナルアルカリイオン整水器（家庭用）を差しあげます。

環境かわら版　第三号　　二〇〇三年二月発行

今回は本店活動事例の紹介です

本店における省エネ・省資源活動、昨年の取り組み状況をご案内いたします。事業場における活動の参考にしてください。

両面コピー率が大幅にUPしました

「コピー用紙の節約」へ向けて平成十四年度の結果は、目標二〇％に対し、二三％でした。ちなみに一昨年は一五％で、七ポイント両面コピー率がUPしました。

・コピー用紙四〇五箱を節約（費用に換算すると約五十六万円減）
・木に換算すると約一二七本を節約（高さ八m、直径十四cmの樹木）
＊コピー用紙を八千枚節約すると高さ八m、直径十四cmの木を一本分節約したことになります。
（岩波書店『地球を救う簡単な50の方法』から）

事務局（環境社会貢献部）の働きかけとしては……まさに地道な働きかけです

1　コピー機の前に両面コピー敢行の呼びかけ
2　両面コピーの取り方の掲示
3　両面コピー率の結果の掲示
4　両面コピー講習会の開催

本店への転入者の声

・初めはコピーの取り方がわからなくて困ったが、慣れれば習慣化してしまいます。
・本店の会議資料はすべて両面コピーでびっくりした。（経営会議資料もすべて両面コピーです）
・本店にくる前から、両面コピーを敢行してました。（拍手！　素晴らしいのひと言です）

ココが心配……

・両面印刷をするとコピー機がつまりやすくならないか？　⇩　本店では通常利用している限り、問題はないと聞いています。「両面コピー」は日常活動に支障なく、比較的取り組みやすい課題と考えます。

「Eco & Economy」への取り組みに、気軽にチャレンジしてみてください

環境かわら版　第四号　二〇〇三年三月発行

今月は「グリーン購入」についてです。

ご自宅でも新入生などがいるご家庭では、文具や事務用品などを購入する機会が多い時期と思います。地球に優しい「エコ商品」を選択してみませんか？

グリーン購入って、たまに聞くけど一体なに？

環境に配慮した製品やサービスを優先的に選択し購入することです。

あなたはいくつご存知ですか？　環境に配慮した商品の多くには環境ラベルがついています。もちろん当社、飲料社などの製品、身の回りの文具品にもついています。

あなたはいくつご存じですか？

・「アルミ」
R・H缶ほかアルミ缶についています。「資源の有効な利用の促進に関する法律（資源有効利用促進法）」に基づいて表示される、分別回収を促進するためのマークです。

・「PET」
PETボトルについてます。右記アルミ缶と同じ。

・「energy」
会社のパソコンについてます。パソコンなどのオフィス機器について、待機時の消費電力に関する基準を満たす商品につけられるマークです。

・「ちきゅうにやさしい」
ライフサイクル全体を考慮して環境保全に資する商品を認定し、表示する制度です。二〇〇二年には、五千十四商品が認定を受けています。
http://www.jeas.or.jp/ecomark/ruikei.html

・「R100」
ノートなどについています。古紙配合率を示す自主的なマークです。

・「FSC」
庄原林業所が認定されてます。適切な森林管理が行われていることを認証する「森林管理の認証」です。

※環境省ホームページから引用しました。

身近な所からECO活動！　あなたもグリーン購入に参加できます。

・「ネットde購買」で「エコ商品」を購入できます。
・「本店リサイクルコーナー」で不要文具を共有しています。

■参考　本店での「グリーン購入」の取り組みについて
結果としてはEconomyにもつながりました。
本店の文具は一〇〇％エコ商品です。通常品と比べ、単価の高いエコ商品を選択することで文具購入費用が増嵩しないよう、不要文具のリサイクルを併せ実施しています。結果、全体としての文具購入金額を減少させています。（昨年実績前年比七九％）

環境かわら版　第五号　　二〇〇三年四月発行

社員の環境日記

営業部／Tさんのご登場です。

環社部から依頼をうけて「えっ！　自分の柄じゃない」と思いましたが、まずは身近な話題でお話してみようと思います。営業部では本店で推進しています「活き活き勤務、活き活き職場」運動の取組みとして「5S（整理・整頓・清潔・清掃・躾）の徹底」というテーマを掲げ、毎月第三金曜日の十五時より、机の周辺、ラック等の整理整頓を行っています。

四月は一七階フロア全体のレイアウト変更もあり、今までは相当人口密度が高かったのですが、かなりすっきりとした職場環境になってきました。これにより営業部のメンバーも気分一新して更なる（？）ハイク

オリティーな業務を行えることと思います。一方で清掃時に発生する廃棄物の量も半端ではありませんで、書類だけではなく、販促品、商品の現物、ビデオテープ等々の不要物も大量に発生しました。もちろん本店内の分別指示に基づき廃棄を行いました。分別廃棄は個人的には家族の指導に基づき（！）家庭では既に馴染んでいます（笑）。一方、社内では忙しさにかまけて「ほかの方にお願いしようかなあ」となりがちですが、今回の活動を通じて環境にやさしい企業を意識した一瞬でありました。

モルトフィードで高糖度トマト「珊瑚樹」が誕生

四月十一日、アサヒビールが副産物であるモルトフィードを活用して開発したモルトセラミックスを使用し栽培した高糖度トマト（「フルーツトマト」の方がなじみがありますね）をアサヒエコロジー社を通じて発売することが発表されました。今回は高糖度トマト誕生までの過程を生みの親であるアサヒエコロジー社のOさんのお話を中心にご紹介します。

「珊瑚樹」ってなんだろう？

新日本空調さんとKさんと当社がつくったフルーツトマトです。

高糖度（フルーツ）トマトです。「①適度な酸味と高い甘味」「②しっかりした果皮・日持ちの良さ（常温で十日）」が特徴です。また「③実がついてからは農薬を一切使用していない」「④アミノ酸量は通常のトマトの二倍ある」こともアピールポイントです。

開発にはどの位かかったの？

さまざまな過程を経て、約五年かかりました。

モルトセラミックスの開発に約二・五年。付加価値の高い用途を研究した結果、養液栽培地として特に高糖度トマトの栽培に適している（糖度があがり、品質が安定する）ことがわかるまでに約二年要しました。

※モルトセラミックス……モルトフィードを原料とする高品質のセラミックス。水持ちが良く、水はけも良い。含有するリン、マグネシュウムなどのミネラル成分が長期にわたり溶出するという特徴があります。

開発に至った経緯は?

Kさんからの電話がきっかけです。

モルトセラミックスは当初、社会貢献を目的とした霞ヶ浦などの公共水域を浄化する担体として開発されましたが、研究テーマに採算を求められるようになり、「木炭には真似できない付加価値の高い用途」を目指し、研究方針を転換しました。その頃、Kさんからトマト培地として試したいという強い要望を頂き、一緒に開発しました。

ご苦労されたことは?

初めてですべてが困難でしたが、ゲーム感覚で乗り切りました。

炭化技術の開発に始まり、技術を売り歩いたり、青果の販売ルートの開拓など、初めてのことばかりでまいりました。しかし不思議と壁にぶつかっても、どこからともなく助っ人が現れて助けてくれました。「結構運が強いかもぉ(笑)」(Kさんの福耳のせい?)

嬉しかったことは?

事業を通じてアサヒファンをつくれたことです。

「できるわけがない」という人が多い一方、熱烈に支持してくれる同僚、上司、役員の方たちもいました。こうした方のご支持やご協力こそが研究や事業の推進力となっています。また研究や事業を通じて、ビール業界とは縁の無い業界の方々と知りあえたことも大きな財産です。アサヒファンづくりにも寄与できたと思います。

チャレンジ!!　環境クイズ

全問正解者には今話題の「珊瑚樹トマト」（高糖度トマト）を抽選にて五名に進呈。正解のヒントは環境コミュニケーションレポートにあり？

Q１　当社が当時庄原林業所を購入したのはなぜ？
１　王冠のコルクのかわりに使用するため
２　スタイニー用の木箱に使用するため
３　木を育て木材として販売するため

Q２　環境かわら版に良く出てくるキャラクターの名前は？　ずばり当ててください。

Q３　間伐材（かんばつざい）とはなんでしょう？　環境社会貢献部にはこれでつくられた打合せ用机があります。
１　老木でつくった木材
２　他の木の生育のため間引いた木でつくった木材
３　廃材になった木材を再生利用した木材

Q４　神奈川工場が発電委託をしている自然エネルギーは？
１　風力
２　太陽光
３　バイオマス

Q５　梅ワインで使った梅の種を再資源化しています。何になっているでしょうか？
１　工場の制服
２　飼料
３　炭

ご応募お待ちしています。

環境かわら版　第六号　二〇〇二年五月発行

今回は酒類第一部　Nさんにご登場いただきました。一児（二歳・女の子）のママであるNさんの身近な環境に関するお話です。

社員の環境日記

Nさん

私が環境問題について初めて考えたのは米国にいたときでした。リサイクルが日常的に上手に行われているんですよね。引っ越すときはもちろん、使えるけど不要なものはすべてガレージセールで売買します。私も病みつきになり、ソファからスプーン、はたまた日本の調味料まできれいに売りました。もちろんかなり値切られましたけど。新聞広告、お店の一角には必ずと言っていいほど手書きの売りたい物、買いたい物のリストと電話番号が貼ってあり、誰でも気軽に利用できます。最近は日本でもポピュラーになってきて嬉しいです。まだ利用する人が少ないと思いますが。でも子供が産まれるとリサイクルって助かりますね。私も知り合いから色々なものをもらいました。どんどん大きくなって使用しなくなったベビー用品は多いですからね。私も頂いたベビーベッドをまだ取っていて、次は誰に渡そうかな？　って考えています。

アサヒビール環境大賞

環境に関する社員の自主的な提案や活動を支援する制度が設立されます。
皆様のご応募お待ちしています！

提案賞

身の回りの環境に関する様々な角度からの提案を募集し、優れた提案を表彰

《募集受付分野》

製造、研究開発、オフィス省エネ、物流、地球環境保全、自然回復

《応募対象者》

アサヒビールに勤務している人、グループ、個人

《例》

・夏場は冷房の温度を抑える。そのかわりお客様と対応しないときはノーネクタイとする。

・工場のお客さま送迎用バスを電気自動車にする。

・充電型電池の充電器を用意し、乾電池を充電型電池に切りかえる。

・机の中の余剰文具を回収して再利用する。

・音姫（トイレ擬音装置）を設置する。（自社物件に限り）

・席から離れると自動的にパソコンの電源を切る液晶ディスプレイ用の省電力機器を設置する。

・生ゴミをたい肥として提供する。　ｅｔｃ……

《評価項目》

環境負荷軽減効果、事業貢献効果、汎用性、先進性、独自性、環境啓発度、提案者の熱意、提案書の完成度

活動賞

環境負荷軽減に結びつく活動で効果をあげた事業場およびグループ、個人を表彰

・事業場の場合はデータに基づく判断を事務局で行い、グループ、個人の場合は「事業場長推薦」を受けつけます。

※事業場長推薦とは？　〇〇支社の〇〇部が環境負荷軽減活動に効果をあげたので支社長が活動賞に推薦すること。

・受賞事業場は本店関係部と検討のうえ、決定する予定です。

《表彰部門》

―　工場部門　副産物を除く廃棄物削減を中心とした環境活動

2　事業場（営業・研究所）部門　オフィスエコ活動
3　上記以外の部門　環境技術、研究開発、ISO活動ほか環境活動

表彰と副賞
・社長名による表彰
・提案賞には十万円の賞金。活動賞は研修型エコツアーへ派遣
詳しくは各事業場の担当さんへ問合わせ下さい。

環境クイズ　正解者には抽選で「ひねもす」（工作キット）を進呈します。

Q1　当社が庄原市で山林を購入しはじめたのは一九四一年ですが、どんなことがあった年でしょうか？
1　真珠湾攻撃があった
2　日本国憲法が施行された
3　二・二六事件があった
ヒント　昭和十六年です
Q2　庄原林業所（人口林）の木は樹齢何年が一番多いでしょうか？
1　六〜十年生
2　三十一〜三十五年生
3　五十一年生以上
ヒント　当社HPの「エコアビタ」の「アサヒの森」⇩「庄原林業所概要」のコーナーに答えがあります
Q3　庄原林業所では生産材の供給を行う予定ですが、供給開始年はいつからでしょうか？
1　二〇一〇年

2　二〇三〇年
3　二〇五〇年
ヒント　供給開始は初めに植えた木が八〇年を超えた頃です
Q4　当社が一年間の製造工程で排出している二酸化炭素を庄原林業所で吸収すると何年かかるでしょうか？
1　約十二年
2　約二十三年
3　約四十二年
ヒント　庄原は年間一・三万トンの二酸化炭素を捕集。製造工程では年間五十四・四万トンを排出

五号の環境クイズ回答　ご応募ありがとうございました。

Q1　当時、当社が庄原林業所を所有した理由……王冠コルクの原料に使用するため。
Q2　環境かわら版にでてくるキャラクターの名前……シン
Q3　間伐材とは……他の木の生育のため間引いた木でつくった木材。
Q4　神奈川工場が利用している自然エネルギー……風力
Q5　梅ワインで使った梅の種は何に再資源化されているでしょうか？……炭

環境かわら版　第七号　　二〇〇三年七月発行

社員の環境日記

首都圏本部営業企画部Kさんのご登場です。

よく家の近くのゴミ処理場のエントツから煙がモクモクたっていると、「やばしっ！　半径○m以内にいると有害物質を含んだ灰をかぶって体に悪いんでは!?」なんて考えてる人いませんか？　じつは私もそう思ってしまうんです。ところが私が狛江市に越してきてビックリした事があります。ゴミの分別が厳しい世の中において、狛江市では、通常「燃えないゴミ」に分別されるであろうものが「燃えるゴミ」なんです。例えば、プラスチックゴミも直径一五センチ以内ならOKです。…とすれば、あのモクモクの煙が通常より、もっと有害なんじゃないか…!?　そう思っていたら、ある知人がすでにゴミ処理場に問い合わせをしていました。聞いた話だと、このエリアのゴミ処理場の焼却能力は大変すぐれていて、例えば土に埋めて処理した場合に、その土から発生する有害物質の量を考えると焼却した方が安全なんだそうです。ちょっと安心。でもよく考えれば、どちらにせよ誰かの家の近くのゴミ処理場から煙がモクモク出てるわけですよね。

先日、某大手ドラックストアで買い物をしました。シャンプーやら洗剤やらどんな商品でも容器をリニューアルしたりで、ついつい購買意欲をそそられます。でも、「モクモク」の事を考えてなるべく「ゴミの出ない商品」を選びたいものですね！

「環境コミユニケーションレポート2002」が東洋経済新報社「第六回環境報告書賞」を受賞しました。

「読み物として工夫されており、親しみやすい報告書」と評価されました。

当社の環境コミュニケーションレポートが四季報で有名な東洋経済新報社主催の環境報告書賞「優秀賞」を受賞しました。各賞の受賞社とその理由は下記の通りです。

各社の環境報告書を読んでみませんか？

最優秀賞　松下電器グループ　〃群を抜く網羅性、豊富な情報量〃

優秀賞　**アサヒビール**　〃読み物として工夫されており、親しみやすい〃

優良賞　トヨタ自動車　〃トヨタの環境への姿勢が明確でグローバルな視点〃

継続優秀賞　大阪ガス、大林組、岡村製作所、キャノン、九州電力、シャープ、セイコーエプソン、西友、積水化学工業、宝酒造、日産自動車、日本電気、富士ゼロックス

日本IBM、キリンビール、リコーグループ、トヨタ自動車、松下電器グループ

・酒類流通業界では、環境分野でも当社とキリンビール社は競っています。酒類業界では他にキリンビール社が前年に引き続きその水準を維持している、宝酒造社が「インターネットとの併用による読みやすい報告書」として評価を受けています。

・流通業界では西友社が「消費者を意識した構成で工夫されている」と評価を受けています。

当社を含め環境先進企業の環境報告書、是非一度ご覧になってください。

環境クイズ

全ての答えは環境コミュニケーションレポート2002に記載されています。

Q1　庄原林業所が取得している森林管理協議会の認証名は？

1　WWF
2　NPO
3　FSC
4　WHO

Q2　昨年度設立された社員ボランティア支援制度の名称は？

1　エコマイレージ／ワンビールクラブ
2　アサヒビール環境大賞

3　アサヒアートフェスティバル
4　KIDSプロジェクト
Q3　環境への取組みを紹介している当社ホームページのコーナーの名称は？
（ちなみに「環境ひろば」はイントラネットです）
1　ミネルヴァの森
2　エコアビタ
3　ガンブリヌスの丘
4　ヒートアイランド
Q4　トヨタ自動車のCMでおなじみの「ユニバーサルデザイン＊」を当社も推進していますが、以下のうちユニバーサルデザイン（＊）に該当しないのはどれでしょうか？
＊障害のある人、高齢者、健常者のだれにとっても　使いやすく配慮された製品・サービスのこと
1　点字
2　スタイニーボトルの開封手順
3　カートンのピックアップゲート
4　ギフト包装紙

前回の答
Q1　真珠湾攻撃があった
Q2　三十一〜三十五年生
Q3　二〇三〇年
Q4　約四十二年
庄原林業所はけっこう歴史を刻んでいます。

環境かわら版　第八号　　　　　　　　　　　　二〇〇三年八月発行　～夏休み特集～

前回登場者、Kさんの昔の上司であるアサヒフードアンドヘルスケア㈱（以後F＆H社と表記）**Tさんのお話です。**

社員の環境日記

環境問題について普段からあまり深く考えることはありませんでした。ただ、漠然と「オゾン層の破壊の問題」とか「地球温暖化」、「最近の異常気象」への不安を感じていました。環境破壊が進むと次世代以降はどうなるのだろうという不安と、それに対して自分なりには環境破壊に繋がることはやめようという意識は常に持っています。

最近の出来事の中では電力会社の原発トラブルに端を発した夏場の電力供給不足が問題となり、各企業は省エネの工夫に全力投球といった状況です。電力会社に原因があることは間違いありませんが、それはさておき自分自身でもなにか省エネ努力をしてみようと思い「電気をこまめに消す」、「クーラーの温度を高めに設定する」等の月並な努力を実行しています。

人は快適さを手に入れてしまうとそれを捨てることが難しいといわれますが「快適さ」を少し我慢することで「環境維持」に役立つのであれば、やってみるべきだと思います。

次世代の人達のためにも今以上に環境を悪くしないような努力をしていきたいと思います。

夏休み特集！　自由研究、もうすみましたか？

八月に入り夏休みも後半がスタートといったところでしょうか？　今回は社員のお子様向けに夏休みの宿題「自由研究」のヒント（主にエコ自由研究）の情報をご紹介いたします。お子様と一緒にエコにふれてみてはいかがでしょうか？

アサヒビール社「夏休み親子見学ツアー」〈要予約〉〈体験できます〉
自由研究のネタが当社にもあります！　お父さんのお仕事がちょっとわかる？（尊敬されるかも）工場見学＋リサイクル体験及び紙透の体験ができる夏休み親子見学ツアー！

アサヒ飲料社「エコ自由研究」〈取組みやすいです〉
家で手軽にできる自由研究の紹介コーナー。ホームページからツールもダウンロードできます。「正しい分別をするために、マークと分別の回収日を調べよう」など小学生低学年向け？

環境ＮＧＯ環境市民「夏休み親子イベント」〈要事前申込〉〈体験できます〉
定番の工作、キャンプ、昆虫探し（ただし場所は京都です）。地域によっては地方自治体が主催している場合もあるので調べてみてください。

西友社「エコ・ニコ学習会」〈要事前申込〉〈体験できます〉
西友さんは店舗で「エコ・ニコ学習会」を開催しています。お子様とのコミュニケーション＆お得意先との話題づくりにご参加されてはいかがですか？

「夏休み自由研究プロジェクト２００３」〈事例が豊富〉
月刊誌「〇年生の学習、科学」で有名な学研さんの夏休みの宿題自由研究に役立つページ。学齢に合った課題が選択できます（ただし少し商売入ってます）。

サイエンスグランプリ２００３〈素晴らしい事例〉
「サイエンスグランプリ」（主催　東京電力）自由研究に関する考え方のヒント等もでています。過去の受賞研究は大人でも感心してしまうほど力作です。

この他にもたくさんあります。「自由研究・夏休み・エコ」をキーワードにインターネットで検索してみてください。

環境かわら版　第九号　　二〇〇三年九月発行

今回はF&H社のMさんにご登場いただきました。前回登場者、F&H社Tさんのご紹介です。

社員の環境日記

私はアサヒフードアンドヘルスケア㈱で品質保証の仕事をしています。日頃、お客様からのお問合せやご意見に対応しておりますが、最近、容器包装に関する要望が増えています。例えば、瓶のラベルが剥がれにくいとか、リサイクル可能な容器への変更などです。ここ数年来、人々の環境に対する意識は確実に高まってきています。では、自分自身環境を意識した積極的な行動をしているかというと特には思い当たらないのですが、南極のオゾン層の破壊速度が先進国の省エネへの取り組みでほんの少し遅くなったというニュースを聴くと何か嬉しく感じます。人間は環境に負荷なく生きていくことは不可能ですが、新たな知恵と工夫で負荷を抑えることができると思います。そのためには小さなことでも一人一人が意識的に行動することが大切です。環境改善のために決めたことは必ず守り、更に個人個人も目標を立て、出来ることから少しずつ達成できれば、明るい未来が期待できるのではと思います。自分自身も新たな意識をもって、遅まきながら今月からエコライフノート（*環境家計簿）をつけようと思います。

*電気、ガス、水などから家庭から排出される炭酸ガスを把握する方法。ABグループでも展開しています。

「環境コミュニケーションレポート2003」が完成しました。

ほんの一〇分で当社の環境への取組み概要が把握できます。

テーマ1　炭酸ガス排出削減

地球温暖化を抑えるために、工場で実施している省エネ、燃料転換、炭酸ガス削減について説明していま す。

テーマ2　水の保全

水資源の安全管理と有効活用、排水の水質管理から水資源の保全への取り組みを説明しています。

テーマ3　資源の循環利用

各事業場での分別作業や、再資源化業者との協力体制、副産物の商品化で再資源化一〇〇％を説明していま す。

編者の独り言――環境社会貢献部Aプロデューサー

環境報告書に求められるものは年々広範囲にわたり、多様化してきています。今回の報告書作成にかかわっていただきました沢山の方々、本当にありがとうございました。これから皆さんがお客様とコミュニケーションする様々な場面で、このレポートを使っていただければ嬉しいです。

アサヒビール環境大賞（提案賞）三〇件の応募がありました。

八月末でアサヒビール環境大賞（提案賞）の応募受付けを終了しました。初めての試みで、果たしてどのような提案があるのか？　との事務局の心配をよそに、様々な角度からのご提案三〇件を頂きました。事務局で厳正に審議の上、受賞件名、受賞者については別途ご案内申し上げます。

活動賞については、年末までが活動期間に相当します。環境負荷軽減に結びつく活動で効果をあげた事業場、グループ、個人を表彰いたします。こちらも是非ご応募ください（応募方法については年明けに別途ご案内予定です）。

提案賞とは？

業務や立場を超えた、身の回りの環境に関する様々な角度からの提案を募集し、優秀な提案に対して表彰します（提案内容は直接業務に関係がなくても受付けています）。

活動賞とは？

環境負荷軽減に結びつく活動で効果をあげた事業場およびグループ、個人を表彰します。

環境かわら版　第十号　　二〇〇三年十月発行

環境社会貢献部の新しいメンバーのご紹介です。九月の異動で赴任されました。

環境社会貢献部は長い名称の通り、たいへん広範囲な活動をしております。環境問題や社会貢献への取り組みは、お客様からご信頼をいただく上で、おいしい商品をご提供することと同じくらい大切なことと考えます。常に環境先進企業としてのご評価をいただけるよう関係者の皆様と力を合わせがんばっていきたいと思います。（O部長談）

九月の定期異動で福島工場から環境社会貢献部へ異動となったYです。入社して十五年になりますが、そのほとんどが生産に直結する技術的な業務ばかりに携わって来たので、右隣が国際部でいろんな言語が飛び交うわ、左隣がお客様相談室で不思議な感じで、総合支援本部の雰囲気にカルチャーショックの連続です。

ヤンキースの松井の様に最初からホームランとはいかないですが、アサヒビールの環境イメージアップに少しでも貢献できたらと思いますので、皆さん応援をお願いします。（Ｙプロデューサー談）

九州最大級の風力発電所に事業参加（風力発電へ出資）

熊本県菊池郡大津村、阿蘇郡西原村に風力発電施設「阿蘇にしはらウインドファーム」が建設されます。

出資の趣旨

当社は環境基本方針に基づき、炭酸ガスなど地球環境に重大な負荷を与える物質削減を行動指針にあげています。世界的な自然エネルギーに対する感心の高まりを受け、地球環境保全への貢献度の高い自然エネルギーの重要性に注目し、同業他社にさきがけて今回の出資を決定しました。

Ｑ　どんな仕組なのか？

電源開発㈱との風力発電共同事業です。

Ｑ　事業内容について

・当社として自然エネルギーの風力発電事業に資本参加することになります。一七五〇キロワット×十基（平成十五年十一月建設工事着工、平成十七年二月営業運転開始予定）

・九州電力㈱の自然エネルギー利用計画に応札した事業で、全量、九州電力㈱に売電されます。

Ｑ　当社のメリットは？

・発電の過程で二酸化炭素を発生しない風力発電のパートナーとして、地球環境保全に貢献できます。

・情報発信による新たな環境経営推進企業としてのイメージ向上。

・グリーン電力証書と併せて、他社の取り組みが浅い当分野での先進性確立。

・九州地区での企業イメージ向上に伴うアサヒファンづくり（博多工場見学者への環境情報発信）。

風力発電よもやま話

http :// www.jpower.co.jp/ wind/ dekirumade.html（風車ができるまでを見れます）

風力発電とは？

風力発電は、風の運動エネルギーで風車を回し、その動力を発電機に伝達して電気を発生させるシステムです。風車の形状は風力エネルギーの利用効率が高いことから、発電にはプロペラ型のものが多く使われています。

風力発電の長所、短所は？

風力の長所は、再生可能でクリーン、そして純国産のエネルギーということです。短所は風まかせであるためエネルギー密度が低く、電力の出力調整が困難なこと、また化石燃料と比べてコスト競争力に欠けることです。

風力発電の特徴は？

風力発電は、長所を生かしながら短所をカバーするために、さまざまな工夫がなされています。世界的に導入されている風車を一定の敷地内に集中させる「ウインドファーム」方式は、風車の集合化により発生電力量の増加はもとより、不安定な風による個々の風車のバラツキをうまくまとめ、電圧と周波数への影響を少なくすることが期待されます。また、風車の直径を大きくすることで一基あたりの出力を増やすとともに、タワーを高くすることでより上空にある強い風を活用でき、効率的な風力エネルギーの利用も実現できます。

風力発電に適した立地って？

風の持つエネルギーは理論的に、風速の三乗に比例します。そのため「少しでも風の強いところ」に風車をたてること、つまり適地を選択することが大きな意味を持つのです。しかし、台風や竜巻のように、時に私たちに大きな被害をおよぼす膨大なエネルギーを持つ風は風力発電に適しません。風力発電には一年を通して安定した強い風が吹くことが大切、そのため少なくとも一年以上をかけた風況調査を行うことが不可欠です。風は意外とデリケート。地形はもちろん植生、それに加えて風車相互間の干渉によっても風況が左右されます。

観光地として阿蘇は有名です。一度訪れてみてはいかがでしょうか?

環境かわら版　第十一号　二〇〇三年十一月発行

社員の環境日記

酒類研究所のAさんの身近な環境に関するお話です。

二人のお子様のママでありながら、研究所でアルコールに関する様々な角度からの研究をされています。Aさんのアルコールに関するポイントをおさえた講義は一度聴講の価値があります。**【聴講者談】**

十月、十一月は、バザーの季節です。二人の娘がお世話になっている保育園と放課後児童クラブ(学童保育所)でも、この時期バザーが行われ、地域の方々への案内や開催準備に忙しくしています。バザーでは、子どもたちのための文化行事などの資金にするために、いわゆる各家庭から出る不要品や手づくり品を破格で売ったり、子どもたちもススキの穂やどんぐりなど自然の素材、牛乳パックや空き缶などの廃物などを使っておもちゃをつくって売ったりもします。当日は地域の子どもたちもと一緒につくるなど、子どもたちの遊びを広げることを通じ、大人も子どもも地域の人々と楽しく関わっています。夫も私ももちろん、生活用品や衣類で不要なものを出しますが、娘たちにも「バザー＝リサイクル」という認識で、おもちゃの整理をさせ、もう使わなくなったもの、あげてもいいものを自分で選ばせます。保育園、放課後児童クラブでも、普段から自然の素材や廃物を使って遊ぶことにより、ものを大切にすること、環境、自然や生き物を大切にすることを教えてもらっています。物がふんだんにある日本ですが、その中で子どもたちに環境を大切にすることをきちんと教えることは、大人の大切な役割だと思って、毎日子どもたちと接しています。

お得意様の環境活動をご紹介　西友様

当社も積極的に環境活動に取り組んでいますが、当社と同様、お得意様でも環境活動に取り組んでいます。今回からシリーズでお得意様（量販、料飲店さま）の環境活動をご紹介致します。まず第一回目は西友様の環境活動のトピックスをご案内します。

世代の消費者とのパートナーシップ「エコ・ニコ学習会」

お店での環境活動を実際に見て、聞いて、触れることで、子供たちが環境について関心を持つきっかけになればと、一九九七年から継続して行なっている西友独自の環境学習会です。

二〇〇二年度に全国で「エコ・ニコ学習会」に参加した人数は一万二千三百九十八人。店舗はもちろん、地域へ、世界へ。「エコ・ニコ学習会」は活動フィールドをどんどん拡げています。

次世代を担う子どもたちに、環境について地球規模で考えてもらうために、二〇〇一年夏、「エコ・ニコ学習会ｉｎスウェーデン」が実施されました。二年目を迎える今年も、作文と面接によって全国から十二名の小学生たちを親善大使として選抜。実施している店舗ではご案内コーナーでエコ・ニコ学習会のご案内がでています。

西友様で取扱の「環境商品」です。

環境に関心をもつことは、結局、自分たちの健康や生命に目をむけることにつながります。一九九二年よりお届けしている「環境優選」は、自然環境に対してだけでなく、人に対する安心・安全に着眼した西友のオリジナルブランドです。

1　製造時や廃棄時に空気、水、土をできる限り汚さない。
2　再生素材を使い、資源を有効利用する。
3　生活環境を良くすることに役立つ。
4　人にやさしく、安心して使える。

環境に配慮した商品って、どの商品が、なぜ環境にいいのか、わかりやすいと選びやすいですよね。西友独自の基準（一九九三年策定）に照らし合わせ、オリジナル商品のほか、各メーカー商品の中からも、「環境に配慮した商品」を選び、お客様にご案内しています。

「完熟屋」

「完熟屋」は一九七二年から展開している西友のオリジナルブランドです。農薬や添加物などを極力使用しない方法で栽培することにより、青果物が本来持っている味（甘味・酸味・香り・栄養価・歯触り）へのこだわりを追求しています。具体的には、除草剤、土壌薫蒸剤、漂白剤、着色剤、合成添加物は一切使用していません。

「昔がえりの会」

「昔がえりの会」とは、適地適作を旨に無化学肥料・減農薬栽培で作物を育てる農家の組織で、北海道から九州まで広がっています。風味が豊かで栄養価的にも優れた良い作物は、土壌微生物が多く生息して通気性のよい、生きた土からしか生まれない。この考えのもと、化学肥料に頼って作物を安易に成長させるのではなく、作物自身の育つ力を大切に、良質な完熟堆肥と徹底した肥培管理による農法を実践しています。

「目きき、味きき！　契約野菜」

「目きき、味きき！　契約野菜」は、誰がつくったのかはもちろん、作物の履歴（どのように育てたか、肥料・農薬は何を使用したのか）に直接携わっている青果物です。出荷団体は六十八団体あり、野菜・果物のほとんどの種類がラインナップされています。

いかがでしたか？　ご紹介の内容は環境活動のごく一部を取り上げたものです。詳しく知りたいという方はこちらまで。http://www.seiyu.co.jp/eco/

NON STOP DRY

泡の中の感動

瀬戸雄三

聞き手　あん・まくどなるど

ハードカバー上製本　Ａ５版四二二ページ

定価一八九〇円（本体一八〇〇円＋税）

アサヒビール会長（現取締役相談役）の感動泡談。若いころから「お客様に新鮮なビールを飲んでもらう」ことと「感動の共有」を旗印に七転八起の人生――「地獄から天国まで見た」企業人の物語。アサヒビールがスーパードライをヒットさせ売上を伸ばし『環境経営』を理念に据え世界市場をめざすまでのノンストップ・ドライストーリー！　『ＳＥＴＯ'Ｓ　ＫＥＹ　ＷＯＲＤ　３００』収録。

才媛あん・まくどなるどが、和気藹々《わきあいあい》、しかし、鋭くビール業界のナンバーワン会長（現取締役相談役）に迫る。

ASAHI ECO BOOKS 1

CONDUCTING ENVIRONMENTAL IMPACT ASSESSMENT IN DEVELOPING COUNTRIES　ASAHI ECO BOOKS 1

環境影響評価のすべて

プラサッド・モダック　アシット・K・ビスワス著

川瀬裕之　礒貝白日編訳

ハードカバー上製本　A5版四一六ページ　定価二九四〇円（本体二八〇〇円＋税）

「時のアセスメント」流行りの今日、環境影響評価は、プロジェクト実施の必要条件。

発展途上国が環境影響評価を実施するための理論書として国連大学が作成したこのテキストは、有明海の干拓堰、千葉県の三番瀬、長野県のダム、沖縄の海岸線埋め立てなどなどの日本の開発のあり方を見直すためにも有用。

（国連大学出版局協力出版）

■序章■EIAの概略■EIAの実施過程■EIA実施手法■EIAのツール■環境管理手法とモニタリング■EIAにおけるコミュニケーション■EIA報告書の作成と評価■EIAの発展■EIAのケーススタディ7例（フィイリピン・スリランカ・タイ・インドネシア・エジプト）■

ASAHI ECO BOOKS 2

THOREAU ON WATER: REFLECTING HEAVEN　ASAHI ECO BOOKS 2

水によるセラピー

ヘンリー・デイヴィッド・ソロー　仙名紀訳

ハードカバー上製本　A5版一七六ページ　定価二二六〇円（本体二二〇〇円＋税）

古典的な名著『森の生活』のソローの心をもっとも動かしたのは水のある風景だった——狂乱の21世紀にあって、アメリカ人はeメールにせっせと返事を書かなければならないし、カネを稼ぐ必要があるし、退職年金を増やすことにも気配りを迫られる。そのような時代にあって、自動車が発明されるより半世紀も前に、長いこと暮らしてきた陋屋の近くにある水辺を眺めながら、マサチューセッツ州東部の町コンコードに住んでいたナチュラリストが書き記した文章に思いを馳せるということに、どれほどの意味があるのだろうか。この設問に対する答えは無数にあるだろうが……。

『まえがき』（デイヴィッド・ジェームズ・ダンカン）より

ASAHI ECO BOOKS 3

THOREAU ON MOUNTAINS:ELEVATING OURSELVES　ASAHI ECO BOOKS 3

山によるセラピー

ヘンリー・デイヴィッド・ソロー　仙名 紀訳

ハードカバー上製本　Ａ５版一七六ページ　定価一二六〇円（本体一二〇〇円＋税）

いま、なぜソローなのか？　名作『森の生活』の著者の癒しのアンソロジー3部作、第2弾！――感覚の鈍った手足を起き抜けに伸ばすように、私たちはこの新しい21世紀に当たって、山々や森の複雑な精神性と自分自身を敬うことを改めて学び直し、世界は私たちの足元にひれ伏しているのだなどという幻想に惑わされないように自戒したい。『はじめに』（エドワード・ホグランド）より

■乱開発の行き過ぎを規制し、生態学エコロジーの原点に立ち戻り、人間性を回復する際のシンボルとして、ソローの影は国際的に大きさを増している。『訳者あとがき』（仙名 紀）より

ASAHI ECO BOOKS 4

Water for Urban Areas WATER RESOURCES MANAGEMENT AND POLICY　ASAHI ECO BOOKS 4

水のリスクマネージメント――都市圏の水問題

ジューハ・I・ウィトォー　アシット・K・ビスワス編　深澤雅子訳

ハードカバー上製本　Ａ５版二七二ページ　定価二六二五円（本体二五〇〇円＋税）

21世紀に直面するであろう極めて重大な問題は、水である。今後40年前後で清潔な水を入手できるようにするということには、37億人を超える都市居住者に上下水道の普及を拡大していく必要を伴う。さらに、急成長している諸国の一層の環境破壊を防ぐには、産業生産量単位ごとの汚染を、現在から２０３０年までの間に90％程度減少させることが必要である。

（国連大学出版局協力出版）

■はじめに■序文■発展途上国都市圏における21世紀の水問題■首都・東京の水管理■関西主要都市圏における水質管理問題■インドの巨大都市ムンバイ、デリー、カルカッタ、チェンナイにおける用水管理■メキシコシティ首都圏の給水ならびに配水■巨大都市における廃水の管理と利用■都市圏の上下水道サービス提供において民間が果たす役割■緊急時の給水および災害に対する弱さ■結論■

ASAHI ECO BOOKS 5

THOREAU ON LAND:NATURE'S CANVAS　ASAHI ECO BOOKS 5

風景によるセラピー

ヘンリー・デイヴィッド・ソロー　仙名　紀訳

ハードカバー上製本　A5版二七二ページ　定価一八九〇円（本体一八〇〇円＋税）

こんな世の中だから、ソロー！　『森の生活』のソローのアンソロジー――『セラピー（心を癒す）本』3部作完結編！――ソロー（1917～62）が、改めて脚光を浴びている。ナチュラリストとして、あるいはエコロジストとしての彼の著作や思想が、21世紀の現在、先駆者の業績として広く認知されてきたからだろう。もっと正確に言えば、彼は忘れられた存在だったわけではなく、根強い共感者はいたのだが、その人気や知名度が近年、大いにふくらみをもってきたのである。そのような時期に、ソローの自然に関するアンソロジー3冊がアサヒ・エコブックスに加えられたのは、意味のあることだと考えている。

『訳者あとがき』（仙名　紀）より

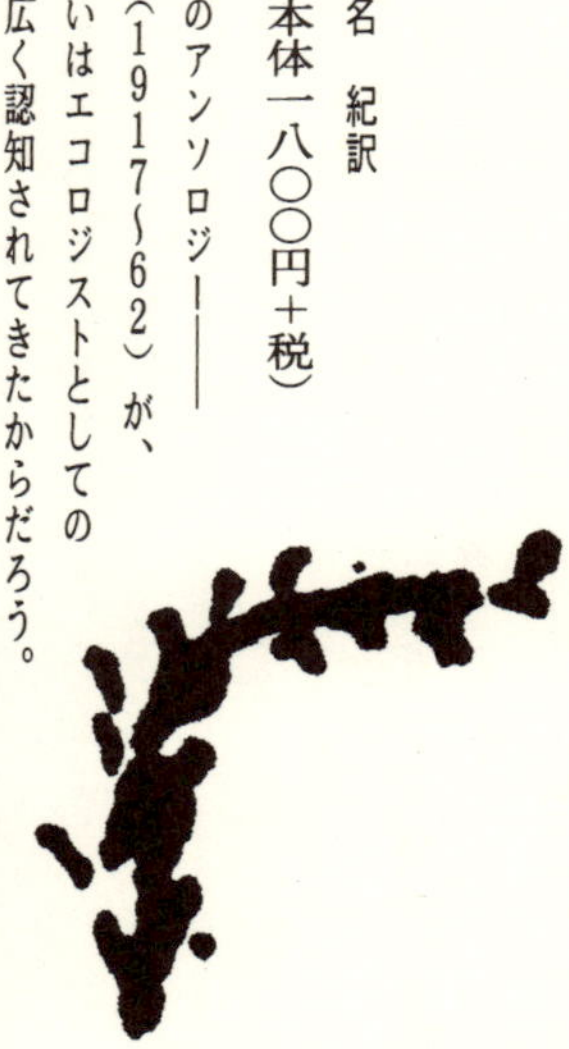

ソローのスケッチ

ASAHI ECO BOOKS 6

ASAHI BEER'S FOREST KEEPERS　ASAHI ECO BOOKS 6

アサヒビールの森人たち

監修・写真　礒貝　浩　文　教蓮孝匡

ハードカバー上製本　A5版二八八ページ　定価一九九五円（本体一九〇〇円＋税）

「豊かさ」って、なに？　この本の『ヒューマン・ドキュメンタリー』は、この主題を森で働く人たちを通して問いかけている。そう、「アサヒビールの森人たち」は、今の日本では数少ない、心豊かに日々を過ごしている幸せな人たちである。

（あん・まくどなるどの『序――エコ・リンクスのことなど』より）

「FSC認証を受けてからいろんな人が来られて『アサヒの森はええ森じゃ』言うてくれてですが、今の森を知っとっても昔の森のことも知らんと、そのよさもちゃんとわからんのんじゃないかのう、と思います」■「アサヒの森で今仕事をしとる人が元気なうちに、試験的にでも若い人に仕事に参入してもらえればええんですがねえ」■「《環境》ゆう言葉をよう聞きますが、このあたりじゃ『環境をようしよう』いう考えはあまり持たんもんですよ。きれいですけえね、空気も水も山も。『環境はよくてあたりまえ』ゆう感じで、そもそも意識することがないですよ」

清水弘文堂書房の本の注文方法

■電話注文03−3770−1922／045−431−3566■FAX注文045−431−3566■Eメールshimizukobundo@mbj.nifty.com（いずれも送料300円注文主負担）■電話・ファックス・Eメール以外で清水弘文堂書房の本をご注文いただく場合には、もよりの本屋さんにご注文いただくか、定価（消費税込み）に送料300円を足した金額を郵便振替（振替口座　00260−3−59939　清水弘文堂書房）でお振り込みくだされば、確認後、一週間以内に郵送にてお送りいたします（郵便振替でご注文いただく場合には、振り込み用紙に本の題名必記）。

地球といっしょに「うまい！」をつくる——企業の環境対策／アサヒビールの場合
ASAHI ECO BOOKS 10

発　行　二〇〇四年五月三十日　第一刷
著　者　二葉幾久
発行者　池田弘一
発行所　アサヒビール株式会社
郵便番号　一三〇−八六〇二
住　所　東京都墨田区吾妻橋一−二三−一
発売者　礒貝日月
発売所　株式会社　清水弘文堂書房
郵便番号　一五三−〇〇四四
住　所　東京都目黒区大橋一−三−七　大橋スカイハイツ二〇七
Eメール　shimizukobundo@mbj.nifty.com
H　P　http://homepage2.nifty.com/shimizukobundo/
編集室　清水弘文堂書房ITセンター
郵便番号　二二二−〇〇一一
住　所　横浜市港北区菊名三−三−一四　KIKUNA N HOUSE 3F
電話番号　〇四五−四三一−三五六六FAX　〇四五−四三一−三五六六
郵便振替　〇〇二六〇−三−五九九三九
印刷所　プリンテックス株式会社

ISBN4 − 87950 − 566 − 8 C0095